ABB工业机器人基础操作与编程

智通教育教材编写组　编

主　编　廉迎战　黄远飞

副主编　杨彦伟　徐月华　王刚涛　辛选飞　李　涛

参　编　谢　承　聂　波　钟海波　叶云鹏　韦作潘

田增彬　李　满　贺石斌　崔恒恒　赵　君

机械工业出版社

本书以 ABB 工业机器人为例，介绍了工业机器人基础操作与编程知识，同时根据广东智通职业培训学院多年的工业机器人教学经验提炼出 ABB 工业机器人的操作与编程技巧，便于读者更快适应实际工作需要。联系 QQ 296447532 获取 PPT 课件。

本书适合职业院校工业机器人相关专业学生和从事自动化工作的技术人员使用。

图书在版编目（CIP）数据

ABB工业机器人基础操作与编程/智通教育教材编写组编；廉迎战，黄远飞主编.
—北京：机械工业出版社，2019.3（2025.1重印）
ISBN 978-7-111-62181-2

Ⅰ．①A… Ⅱ．①智… ②廉… ③黄… Ⅲ．①工业机器人—程序设计
—高等职业教育—教材 Ⅳ．①TP242.2

中国版本图书馆CIP数据核字（2019）第041327号

机械工业出版社（北京市百万庄大街22号 邮政编码100037）
策划编辑：周国萍 责任编辑：周国萍
责任校对：李 杉 封面设计：马精明
责任印制：张 博
三河市国英印务有限公司印刷
2025年1月第1版第14次印刷
184mm×260mm·11.25印张·268千字
标准书号：ISBN 978-7-111-62181-2
定价：39.00元

电话服务   网络服务
客服电话：010-88361066   机 工 官 网：www.cmpbook.com
　　　　　010-88379833   机 工 官 博：weibo.com/cmp1952
　　　　　010-68326294   金 书 网：www.golden-book.com
封底无防伪标均为盗版   机工教育服务网：www.cmpedu.com

前言

18 世纪中叶以来，人类历史上先后发生了三次工业革命，发源于西方国家及衍生国家，并由他们所创新所主导。第一次工业革命（1760—1840 年），标志是英国蒸汽机的广泛使用；第二次工业革命（1840—1950 年），标志是美、德等国家把电力广泛应用于生产；第三次工业革命（1950 年至今），标志是电子化和 IT 在工业生产中的应用。每一次的工业革命都使得人类发展进入了空前繁荣的时代。第三次工业革命方兴未艾，还在全球扩散和传播，第四次工业革命已悄然来临。

冲在最前面的是德国。2013 年德国政府推出定义为"第四次工业革命"的"工业 4.0 战略"，致力于发展智能工厂、智能生产和智能物流的柔性智能产销体系。2014 年工业 4.0 概念受到世界各国高度关注。2015 年日本率先响应，1 月 23 日推出"机器人新战略"。我国 2015 年也出台了"中国制造 2025"这项十年国家战略规划，中国第一次与发达国家站在同一起跑线上。

工业 4.0 概念的急切提出，反映出随着时代的发展，人们的生活、消费水平的提升，由人员来进行生产的传统模式已经不能满足社会需求，同时随着电力与工业推广对生产力的提升及劳动成本普遍升高，工业 4.0 概念的提出更显迫切。

相比大多数传统的机械手设备，工业机器人在灵活度、可靠性和耐用性方面优势明显。随着"中国制造 2025"战略规划的实施，我国的机器人使用量已经开始进入爆发性增长，很多国内企业纷纷投入到工业机器人的研发与制造中，与此同时传统劳动力岗位逐渐被机器人所取代，新的岗位也应运而生，如机器人操作人员、机器人应用工程师和机器人维修技术员等，这些智能制造人才随着机器人大量使用变得愈加急缺。

如今，不仅大多数传统人力劳动以及重复性高、枯燥、危险的工作可以由先进的工业机器人通过编程而实现所需动作，让劳动人员从以上工作中得到解脱并提高企业生产效率；而且随着视觉等技术的运用，一些复杂的装配、拾取任务也可以得以实现。随着我国技术人员应用经验的积累，编者相信，在不久的将来，工业机器人必定成为我国制造业的主力军。

广东智通职业培训学院（后称智通教育）创立于 1998 年，是由广东省人力资源和社会保障厅批准成立的智能制造人才培训机构，是广东省机器人协会理事单位、东莞市机器人产业协会副会长单位、东莞市职业技能定点培训机构。为积极响应国家战略规划，在"中国制造 2025"提出的同年，智通教育就着手打造"智能制造学院"。智通教育智能制造学院聘请广东省机器人协会秘书长、广东工业大学研究生导师廉迎战副教授为顾问，聘任多名曾任职于富士康、大族激光、诺基亚、超威集团、飞利浦、海斯坦普等知名企业的实战型工程师，组建起阵容强大的智能制造培训师资队伍。智通教育智能制造学院至今已培养工业机器人、PLC、包装自动化、电工等智能制造相关人才 16000 余名。

本书以 ABB 工业机器人为例，介绍了工业机器人基础知识、通用术语，详细讲解了 ABB 机器人控制系统以及 RAPID 编程语言的使用方法和操作技巧。

本书由廉迎战、黄远飞任主编，杨彦伟、徐月华、王刚涛、辛选飞、李涛任副主编，参与编写的还有谢承、聂波、钟海波、叶云鹏、韦作潘、田增彬、李满、贺石斌、崔恒恒、赵君多名拥有丰富实战经验的资深工业机器人培训讲师。

本书根据智通教育智能制造学院在工业机器人培训积累的丰富教学经验编写，各章节内容精心编排，具有循序渐进、深入浅出、通俗易懂的特点，适用于职业院校工业机器人相关专业学生和打算自学 ABB 工业机器人应用技术的工业自动化从业人员，希望通过本书可以帮助大家紧跟工业 4.0 的时代步伐，学习机器人技术，助力我国工业制造能力的升级转型。

由于机器人技术一直处于不断发展之中，再加上时间仓促、编者学识有限，书中难免存在不足和疏漏之处，敬请广大读者不吝赐教。

智通教育教材编写组

目录

第1章
工业机器人概述

1.1 工业机器人发展历史

对于机器人，相信大家并不陌生，如今在全国各地，"机器换人"正如火如荼地进行。汽车、电子等企业的生产流水线上，工业机器人24小时不知疲倦的在生产；京东无人送货小车；建设银行无人银行，工作人员全部由智能机器人代替……各行各业中人类干不好、不好干、干不了的一些工作逐渐被机器人代替。那么，对于工业机器人的发展历史，你知道多少呢？

1. 定义

国际标准化组织（ISO）给出具有代表性的工业机器人定义："工业机器人是一种自动控制、可重复编程、多功能、多自由度的操作机器，能搬运材料、工件或操持工具来完成各种作业的装置"。

2. 工业机器人的诞生

1959年，美国人约瑟夫·恩格尔伯格和乔治·德沃尔研制出了世界上第一台真正意义上的工业机器人Unimate，如图1-1所示，开创了机器人发展的新纪元。随着技术水平的发展，机器人可分为三代：第一代为程序控制机器人，第二代为自适应机器人，第三代为智能机器人。

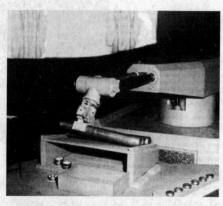

图 1-1

1）第一代程序控制机器人　　这种机器人一般是按以下两种方式"学会"工作的。一种是由设计师预先按工作流程编写好程序，程序存储在机器人的内部存储器，机器人在程序控制下工作。另一种是被称为"示教—再现"方式，这种方式的第一步是用示教器操控机器人动作，并把每一个动作记录到机器人中，配置完成后的机器人会完全按照记录的指令进行动作，即再现。这种机器人能尽心尽责地在机床、熔炉、焊机、生产线上工作，但其也存在弊端，如果工作环境发生变化，比如工件位置改变、物品倾斜等，机器人将不会准确完成设定的作业。此时就需要重新进行程序设计或修护出现的问题。现在市面上大多数属于第一代机器人，如图 1-2 所示。

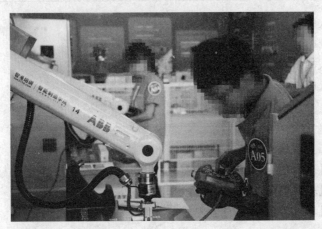

图　1-2

2）第二代自适应机器人　　这种机器人的特点就是配备有相应的感觉传感器（如视觉、听觉、触觉传感器等），通过传感器取得作业环境、操作对象等简单的信息，并由机器人体内的计算机进行分析、处理，最终实现控制机器人的动作。虽然第二代机器人具有一些初级的智能，但还是需要技术人员来协调工作。图 1-3 为 ABB YuMi。

图　1-3

3）第三代智能机器人　　智能机器人具有类似于人的智能，它装备了高灵敏度传感器，因而具有超过一般人的视觉、听觉、嗅觉、触觉的能力，能对感知的信息进行分析，控制自己的行为，处理环境发生的变化，完成交给的各种复杂、困难的任务，而且有自我学习、归纳、总结、提高已掌握知识的能力。目前的智能机器人大都只具有部分的智能，和真正意义上的智能机器人还差得很远。随着 AI 人工智能的发展，相信这一天不会太远。图 1-4 为第三代智能机器人。

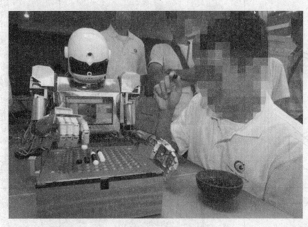

图　1-4

1.2　工业机器人分类

关于工业机器人的分类，国际上没有指定统一的标准，可按负载重量、控制方式、自由度、结构、应用领域等来划分。机器人最先在制造业中大规模应用，机器人曾被简单地分为两类，用于汽车、3C、机床等制造业的机器人被称为工业机器人，其他的机器人称为特种机器人。现在除了工业领域之外，机器人技术已广泛地应用于农业、建筑、医疗、服务、娱乐，以及空间和水下探索等多领域。根据工业机器人应用领域的不同，又可分成焊接机器人、搬运机器人、装配机器人、处理机器人、喷涂机器人，如表 1-1。

表　1-1

工业机器人	焊接机器人	点焊机器人
		弧焊机器人
	搬运机器人	移动小车（AGV）
		码垛机器人
		分拣机器人
	装配机器人	冲压、锻造机器人
		包装机器人
		拆卸机器人
	处理机器人	切割机器人
		研磨、抛光机器人
	喷涂机器人	—

根据机器人的机械结构形态不同，可分为圆柱坐标机器人、球面坐标机器人、直角坐标机器人、关节机器人及并联机器人等。不同形态的机器人在外观、机械结构、控制要求、工作空间等方面均有较大的区别。例如，并联机器人像蜘蛛的脚；关节型机器人像人的手臂；而直角坐标机器人与数控机床非常类似。详细内容见表 1-2。

表 1-2

分　类	图　示	特　点
直角坐标机器人		直角坐标机器人也被称为笛卡儿机器人。其沿固定的 X、Y、Z 三个轴方向运动 　一般用作简单搬运
圆柱坐标机器人		如果机器人手臂的径向坐标 R 保持不变，机器人手臂的运动将形成一个圆柱表面。 　精度好，有较大的动作范围，结构轻便，但是负载较小
球面坐标机器人		球面坐标机器人又称为极坐标机器人。这种机器人运动所形成的轨迹表面是半球面。 　结构紧凑，但体积稍大
并联机器人		精度高，手臂轻盈，速度快，机构紧凑，但工作空间小，控制复杂，负载较小 　主要用于分拣、装箱等领域

（续）

分　类	图　示	特　点
关节机器人 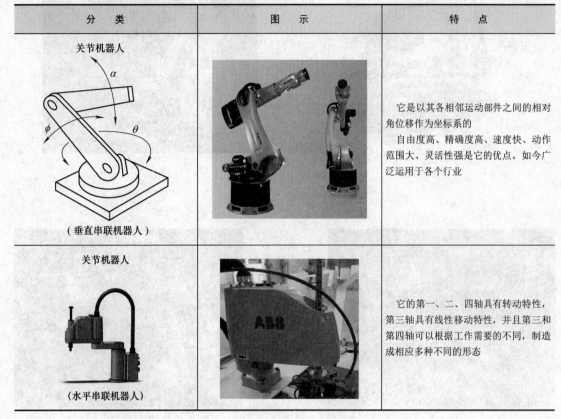 （垂直串联机器人）		它是以其各相邻运动部件之间的相对角位移作为坐标系的 　自由度高、精确度高、速度快、动作范围大、灵活性强是它的优点。如今广泛运用于各个行业
关节机器人 （水平串联机器人）		它的第一、二、四轴具有转动特性，第三轴具有线性移动特性，并且第三和第四轴可以根据工作需要的不同，制造成相应多种不同的形态

1.3　工业机器人常见应用场景

　　随着时代的发展，工业机器人从应用方面而言，已经涉及各行各业，包括码垛、搬运、焊接、喷涂、装配等。根据速途研究院的最新统计，当前工业机器人的应用行业分布情况大致如图 1-5 所示。其中汽车行业是工业机器人最大的应用市场，占比达到了 34%，其中大部分为焊接机器人。

　　在一些发达国家，汽车工业机器人的保有量占到总保有量的一半以上，数额非常巨大。电子电气行业（包括计算机、通信、家电、仪器仪表等）是第二大

图　1-5

工业机器人应用领域，电子类的 IC、贴片元器件均是由工业机器人完成的，工业机器人可以使成品率提升 6% 左右，同时时间也大大缩短。

　　另外，像对洁净度要求高的玻璃行业，使用工业机器人也是最好的选择。总之，工业机器人的工作效率和完成度是各行各业都迫切需要的，未来工业机器人的用途会更加广泛。具体应用场景如图 1-6 ～图 1-11 所示。

码垛

搬运

图 1-6　　　　　　　　　　　　　图 1-7

装配

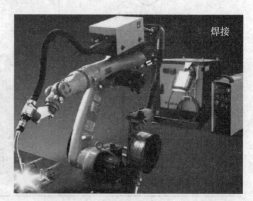

焊接

图 1-8　　　　　　　　　　　　　图 1-9

包装

喷涂

图 1-10　　　　　　　　　　　　图 1-11

1.4　工业机器人结构组成与性能参数

1. 工业机器人的结构组成

工业机器人是面向工业领域的多关节机械手或多自由度的机器装置，它能自动执行工作，是靠自身动力和控制能力来实现各种功能的一种机器。它可以接受人类指挥，也可以按照预先编排的程序运行，现代的工业机器人还可以根据人工智能技术制定的原则纲领行动。

工业机器人的基本组成包括机器人本体、示教器和控制柜。有的机器人还有行走机构。大多数工业机器人有 3 ～ 6 个运动自由度，其中腕部通常有 1 ～ 3 个运动自由度。驱动系统包括动力装置和传动机构，可使执行机构产生相应的动作。

机器人本体又称操作机，它是用来完成各种操作的执行部件，结构主要有控制系统、感知系统、驱动装置、传动装置、执行机构。控制系统是按照输入的程序对驱动系统和执行机构发出指令信号，并进行控制，如图 1-12 所示。详细结构形式如图 1-13 所示。

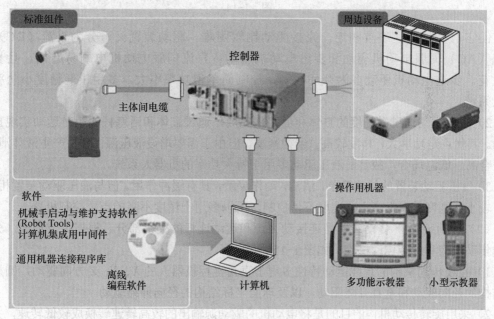

图　1-12

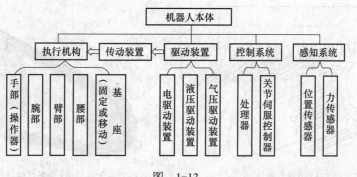

图　1-13

（1）驱动装置　要使机器人运行起来，需给各个关节即每个运动自由度安置传动装置，通过驱动系统给机器人各部位、各关节动作提供原动力。

驱动系统可以是液压传动、气动传动、电动传动，或者把它们结合起来应用的综合系统；可以是直接驱动，或者是通过同步带、链条、轮系、谐波齿轮等机械传动机构进行间接驱动。

1）电动驱动装置的能源简单，速度变化范围大，效率高，速度和位置精度都很高，如图 1-14 所示。

直流电动机　　　　　　步进电动机　　　　　　伺服电动机

图　1-14

但它们多与减速装置相连，直接驱动比较困难。驱动装置又可分为直流（DC）、交流（AC）伺服电动机驱动和步进电动机驱动。直流伺服电动机电刷易磨损，且易形成火花。步进电动机驱动多为开环控制，控制简单但功率不大，多用于低精度小功率机器人系统。

2）液压驱动通过高精度的缸体和活塞来完成，通过缸体和活塞杆的相对运动实现直线运动。其优点是功率大，精度较高，结构紧凑。但由于需要增设液压源，容易产生液体泄漏，不适合高、低温场合，故目前液压驱动多用于特大功率的机器人系统。

3）气压驱动装置的结构简单，清洁，动作灵敏，具有缓冲作用。但与液压驱动装置相比，功率较小，刚度差，噪声大，速度不易控制，所以多用于精度不高的点位控制机器人。

（2）传动装置　　传动装置是连接动力源和运动连杆的关键部分。根据关节形式，分为直线传动机构和旋转传动机构，如图 1-15 所示。

1）直线传动机构的直线运动特性多用于直角坐标机器人的 X、Y、Z 方向驱动，圆柱坐标结构的径向驱动和垂直升降驱动，以及球面坐标结构的径向伸缩驱动。

2）采用旋转传动机构的目的是将电动机的驱动源输出的较高转速转换成较低转速，并获得较大的力矩。机器人中应用较多的旋转传动机构有齿轮链、同步带和谐波齿轮。

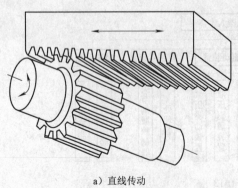

a）直线传动　　　　　　　　　　　　　　b）旋转传动

图　1-15

（3）感知系统　　机器人传感系统的感知系统由内部传感器模块和外部传感器模块组成，用以获取内部和外部环境状态中有意义的信息。

1）机器人位置检测常见的方法有旋转光学编码器、感应同步器、电位计、转速计等。旋转光学编码器是最常用的位置反馈装置。光电探测器把光脉冲转化成二进制波形。轴的转角通过计算脉冲数得到，转动方向由两个方波信号的相对相位决定。感应同步器输出两个模拟信号——轴转角的正弦信号和余弦信号。轴的转角由这两个信号的相对幅值计算得到。感应同步器一般比旋转光学编码器可靠，但它的分辨率较低。电位计是最直接的位置检测形式，它连接在电桥中，能够产生与轴转角成正比的电压信号，但分辨率低、线性不好、对噪声敏感。转速计能够输出与轴的转速成正比的模拟信号。

2）机器人力检测的力传感器通常安装在操作臂的关机驱动器、末端执行器与操作臂的终端关节之间、末端执行器的"指尖"上。安装在关节驱动器上可测量驱动器/减速器自身的力矩或者力的输出，但不能很好地检测末端执行器与环境之间的接触力。安装在末端执行器与操作臂的终端关节之间，可称为腕力传感器。通常，可以测量施加于末端执行器上的 3～6 个力/力矩分量。安装在末端执行器的"指尖"上，这些带有力觉的手指内置了应变计，可以测量作用在指尖上的 1～4 个分力。

（4）控制系统　控制系统是机器人的重要组成部分，用于对机器人的动作进行控制，以完成特定的工作任务。驱动系统就是机器人的动力源。无论是使用还是制造工业机器人，都要对控制系统和驱动系统有所了解，如图 1-16 所示。

（5）工业机器人的控制柜　ABB 机器人的控制柜称为 IRC5 控制器。IRC5 控制器包含部件如图 1-17 所示。

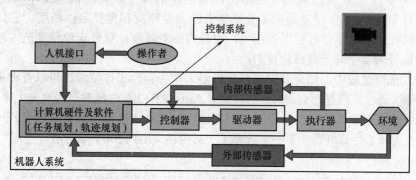

图　1-16

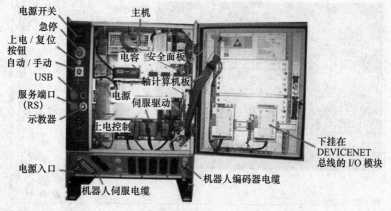

图　1-17

2. 工业机器人的性能参数

工业机器人的性能参数反映了机器人可胜任的工作、具有的最高操作性能等情况，是机器人选型必须考虑的问题。工业机器人的性能参数主要有自由度、工作范围、工作速度、工作载荷、分辨率和工作精度。

（1）自由度　自由度是工业机器人具有的独立坐标轴运动的数目，末端执行器的动作不包括在内。工业机器人的自由度一般等同于关节数目，目前，焊接和涂装作业机器人多为6个自由度，而搬运、码垛和装配机器人多为 4 ~ 6 个自由度。

（2）工作范围　又称为作业空间，它是指机器人未安装末端执行器时，其手腕参考点所能到达的所有空间区域，其形状取决于机器人的自由度和各运动关节的类型与配置，通常需要剔除机器人运动过程中可能产生碰撞、干涉的区域和奇点。

奇点又称奇异点。机器人的奇异点是这样规定的：由两个或多个机器人轴的共线对准所引起的、机器人运动状态和速度不可预测的点。以 ABB IRB 1410 为例，当机器人关节轴5 角度为 0，同时关节轴 4 和关节轴 6 的度数是一样时，则机器人处于奇异点。

（3）工作速度　机器人在工作载荷条件下、匀速运动过程中，机械接口中心或工具中心点在单位时间内所移动的距离或转动的角度。

（4）工作载荷　指机器人在工作范围内任何位置上所能承受的最大负载，一般用质量、力矩、惯性矩表示。还和运行速度和加速度大小方向有关，一般规定高速运行时所能抓取的工件质量作为承载能力指标。

（5）分辨率　工业机器人的分辨率指能够实现的最小移动距离或最小转动角度。

（6）工作精度　工作精度是指工业机器人的定位精度和重复定位精度。定位精度是指工业机器人执行末端到达目标位置的能力，也称为绝对精度；重复定位精度是指工业机器人重复定位其执行末端于同一目标位置的能力。

在机器人选型过程中，如果要知道某款机器人是否符合工作要求，可以查询机器人的随机光盘，也可以通过官网进行查询。下面以查询 ABB IRB1200 性能参数为例向大家进行介绍。

（1）通过随机光盘查阅　详细步骤为：打开随机光盘，1 选择语言【Chinese】—2 选择【产品规格】—3 选择【关节机器人】—4 选择【产品规格 -IRB 1200】即可进行查阅，如图 1-18 和图 1-19 所示。

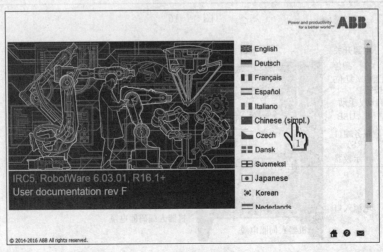

图　1-18

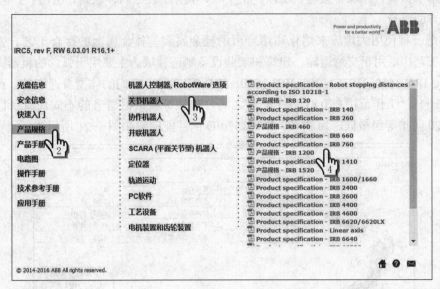

图　1-19

（2）通过官网进行查阅　访问 ABB 官网也可查询到指定型号机器人的规格参数。例如，访问如下网址：https://new.abb.com/products/robotics/zh/industrial-robots/irb-1200，或是从 ABB 官网主页依次单击"首页"—"产品指南"—"机器人技术"—"工业机器人"—"IRB 1200"，可以下载 IRB 1200 的产品规格描述文件，如图 1-20 所示。

图　1-20

1.5　ABB 工业机器人

　　瑞士的 ABB、德国的库卡、日本的发那科和安川电机并称为工业机器人四大家族，它们一起占据着中国机器人产业 70% 以上的市场份额，几乎垄断了机器人制造、焊接等高阶领域。ABB 来自瑞士苏黎世，最早是从变频器开始做起的，在中国，大部分的电力站和变频站都是 ABB 做的。

　　对于机器人自身来说，最大的难点在于运动控制系统，而 ABB 的核心优势就是运动控制。1974 年，ABB 公司研发出全球第一台全电控式工业机器人 ABB IRB6。目前 ABB 工业机器人主要应用于弧焊、码垛、搬运、喷涂、上下料、切割/去毛刺、包装、清洁/喷雾、挤胶、测量等多方面。

弧焊是一种使用大电流来熔化和熔合可消耗金属到基体金属上的接合工艺。弧焊及其他的相关工艺广泛用于交通运输、建筑和工业设备制造领域。主要用于弧焊的机器人型号有 IRB 1410、IRB 1510、IRB 1520、IRB 1600、IRB 2600 等，它们的体型普遍细长，荷重不高（4～20kg），工作范围在 0.81～1.65m 之间，防护等级根据型号的不同而有所区别，其中 IRB1520 防护等级最低，为 IP40。IRB 1520ID 的性能参数如图 1-21 所示。

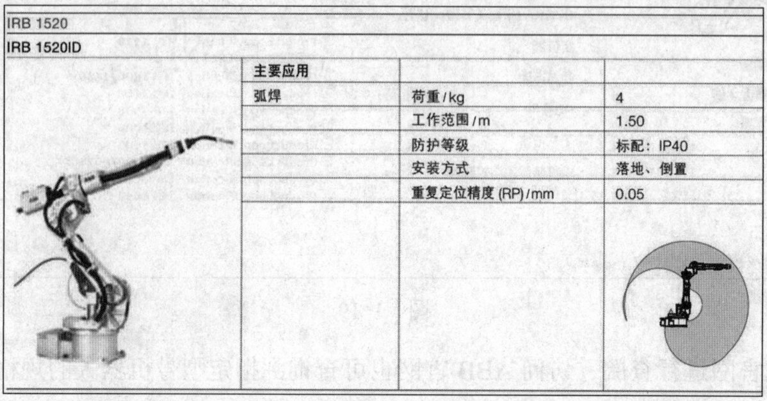

IRB 1520			
IRB 1520ID			
	主要应用		
	弧焊	荷重/kg	4
		工作范围/m	1.50
		防护等级	标配：IP40
		安装方式	落地、倒置
		重复定位精度(RP)/mm	0.05

图 1-21

码垛是将盒、袋、箱、瓶、纸箱堆放在托盘上的一个要求高的应用，作为产品在被装上货车出货前在流水线上的最后一个步骤。主要用于码垛的机器人型号有 IRB 4600、IRB 660、IRB 460、IRB 760 等，码垛机器人的体型普遍很大，荷重大（20～450kg），运动范围大（2.5～3.18m），防护等级高（达到了 IP67），重复定位精度在 0.05～0.2mm 之间，IRB 660 的性能参数如图 1-22 所示。

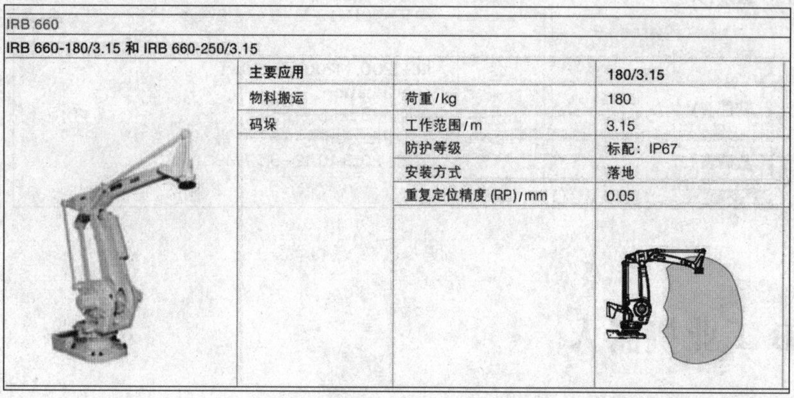

IRB 660			
IRB 660-180/3.15 和 IRB 660-250/3.15			
	主要应用		180/3.15
	物料搬运	荷重/kg	180
	码垛	工作范围/m	3.15
		防护等级	标配：IP67
		安装方式	落地
		重复定位精度(RP)/mm	0.05

图 1-22

ABB 提供一系列具有各种尺寸和配置的机器人手臂，用于满足不同类型的喷涂应用。这些手臂拥有轻质铝铸件、三辊中空手腕，以及容纳电气控制设备的防爆腔。IRB 52、IRB 580、IRB 5400、IRB 5500 都是专门用于喷涂的机器人型号，它们防护等级为 IP 67，同时具有防爆特性。IRB 580 的性能参数如图 1-23 所示。

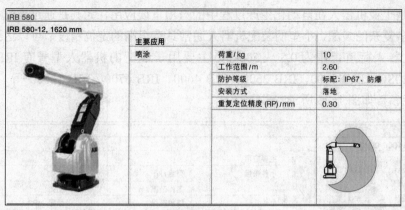

IRB 580			
IRB 580-12, 1620 mm			
	主要应用		
	喷涂	荷重/kg	10
		工作范围/m	2.60
		防护等级	标配: IP67、防爆
		安装方式	落地
		重复定位精度 (RP)/mm	0.30

图　1-23

IP 防护等级是喷涂机器人一项极其重要的性能参数，那大家是否知道 IP 防护等级中的数字表示什么意思呢？表 1-3 对 IP 防护等级进行了相关描述，能增进大家对 IP 防护等级的感性认识。

表　1-3

防护等级（第一位数字）	含义（防止固体物质进入内部的等级）	防护等级（第二位数字）	含义（防止水进入内部的等级）
0	无防护	0	无防护
1	防护直径大于 50mm 的固体进入内部	1	防滴
2	防护直径大于 12mm 的固体进入内部	2	15°防滴
3	防护直径大于 2.5mm 的固体进入内部	3	防淋水
4	防护直径大于 1mm 的固体进入内部	4	防溅
5	防尘进入内部	5	防喷水
6	尘密进入内部	6	防海浪或强力喷水
		7	浸水
		8	潜水

物料搬运利用工业机器人的简单功能来运输对象。通过为机器人装配适当的手臂工具，机器人可以高效、准确地将产品从一个位置移动到另一个位置。多关节机器人基本都能够进行搬运，根据实际情况进行合理选型很重要，主要包含荷重、工作范围等，ABB 搬运机器人荷重范围为 1 ～ 2000kg。IRB 4600 的性能参数如图 1-24 所示。

IRB 4600			
IRB 4600-20/2.50			
	主要应用		
	弧焊	荷重/kg	20
	装配	工作范围/m	2.50
	挤胶	防护等级	标配: IP67。选配: 铸造专家II代
	激光焊接	安装方式	落地、斜置、倒置、支架
	上下料	重复定位精度 (RP)/mm	0.05
	物料搬运		
	包装/码垛		
	弯板机上下料		

图　1-24

　　装配也是工业机器人在自动化生产过程中的一项重要应用，尤其是通过搭配视觉系统，可以完成很多复杂的装配，小型的装配机器人通常具有很高的定位精度，可以达到 0.01mm。ABB 装配机器人荷重范围为 0.5 ～ 500kg，主要用于装配的机器人型号有 IRB 120、IRB 140、IRB 910SC、IRB 1600、IRB 2600、IRB 4600、IRB 6700、IRB 14000 等。IRB 14000 YuMi 的性能参数如图 1-25 所示。

YuMi			
IRB 14000-0.5/0.5			
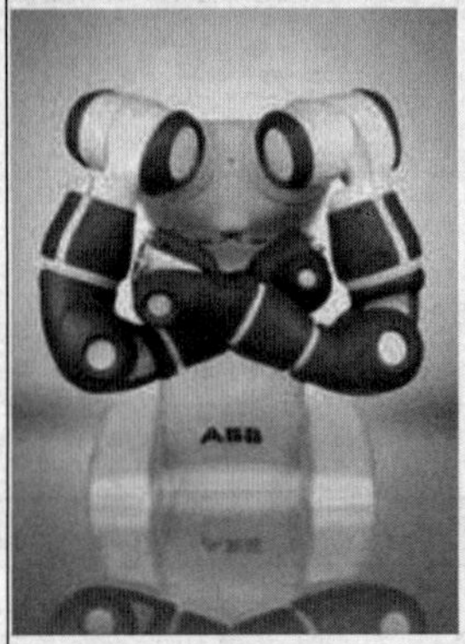	主要应用		
	小件搬运	荷重 / kg	0.50
		工作范围 / m	0.50
	小件装配	防护等级	标配：IP30
		安装方式	台面、工作台
		重复定位精度 (RP) / mm	0.02
		功能性安全	PL b Cat B 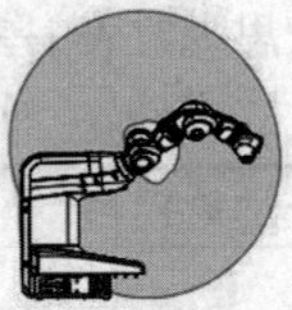

图　1-25

　　冲压是靠压力机和模具对板材、带材、管材和型材等施加外力，使之产生塑性变形或分离，从而获得所需形状和尺寸的工件（冲压件）的成形加工方法。冲压机械手是在自动化设备的基础上，根据冲压生产特点，专门为实现冲压自动化无人生产而研发的设备。ABB 主要用于冲压自动化的机器人型号有 IRB 6660RX、IRB 7600RX、IRB 6660FX、IRB 7600FXD 等，它们的特点是：属于七轴机器人、荷重大（40 ～ 150kg）、工作范围大。IRB 7600FX 的性能参数如图 1-26 所示。

冲压自动化			
IRB 7600FX (7轴机器人)			
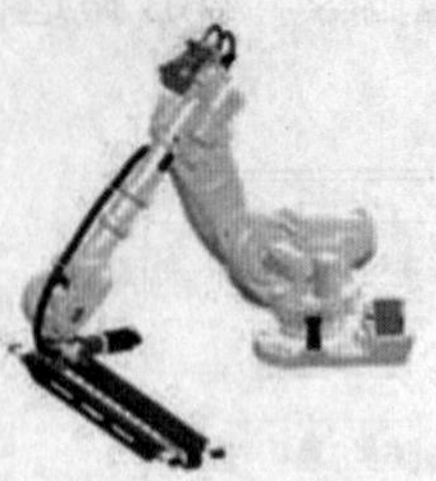	主要应用		
	冲压自动化	荷重 / kg	100
	上下料	工作范围 / m	3.10 + 1.75
	物料搬运	第7轴（回转）	行程：± 1.75 m
			高度：130 mm
			最大速度：5 m
			最大加速度：18 m/s²

图　1-26

小贴士　　七轴机器人，又称为冗余机器人，相比六轴机器人，额外的轴允许机器人躲避某些特定的目标，便于末端执行器到达特定的位置，可以更加灵活地适应某些特殊工作环境。

课后练习题

1. 1959 年，（　　）造出了世界上第一台工业机器人 Unimate。

    A. 美国　　　　　　B. 日本　　　　　　C. 瑞典　　　　　　D. 意大利

2. 工业机器人发展经历了三个阶段，现在常见的是（　　）。

    A. 第一代工业机器人　　　　　　　　B. 第二代工业机器人

    C. 第三代工业机器人　　　　　　　　D. 全部都常见

3. 目前我国工业机器人应用最大的行业是（　　）。

    A. 电子电器　　　　　　　　　　　　B. 金属制造业

    C. 汽车制造业　　　　　　　　　　　D. 橡胶及塑料工业

4. 下面不属于四大家族机器人产地的是（　　）。

    A. 瑞士　　　　　B. 美国　　　　　C. 日本　　　　　D. 德国

5. 当代所有类型的机器人中，使用最广的是（　　）。

    A. 军用机器人　　B. 服务机器人　　C. 工业机器人　　D. 军用机器人

6. 国际标准化组织（ISO）给出具有代表性的工业机器人定义是？

7. 工业机器人按应用分类，可以分成哪几类？（至少写出 6 种）

8. 工业机器人的基本组成包含哪些？

9. 工业机器人的性能参数有哪些？请写出 4 种。并解释其中的两种。

第 2 章

ABB 工业机器人基本认知

⊃ **知识要点**

1. 工业机器人的拆箱
2. 工业机器人的搬运
3. 工业机器人的安装
4. 工业机器人本体与控制柜的接线

⊃ **技能目标**

1. 掌握工业机器人的拆箱方法
2. 掌握工业机器人的搬运和安装注意事项
3. 熟悉工业机器人的接线
4. 了解什么是 RobotStudio 软件

2.1 IRB 1200 工业机器人拆箱

工业机器人是精密的机电设备，其运输和安装都有着特别的要求，新购买的工业机器人，厂家为了保护机器人及方便运输，往往都会用包装箱进行包装。作为购买使用方，在新机到达后，拆箱检查将是首先要做的。下面就以 ABB IRB 1200 工业机器人的到货拆箱为例进行讲解。

第一步，检查外包装是否完好，如果存在损坏、进水等情况，应第一时间联系销售方及物流方。机器人本体基本都由木箱进行包装并固定，控制器、随机电缆和随机文档由纸箱包装，如图 2-1、图 2-2 所示。

图 2-1

图 2-2

　　第二步，拆除机器人本体包装箱底部的固定螺钉，如图 2-3 所示，然后按照箱体标识指示的方向，向上抬起并移开上部分外包装，与底座进行分离，如图 2-4 所示。

图　2-3　　　　　　　　　　　　　　　　　图　2-4

　　第三步，用合适的工具剪断外包装上的扎带，并放到一旁，如图 2-5 所示。内包装如图 2-6 所示。

图　2-5　　　　　　　　　　　　　　　　　图　2-6

　　第四步，检查机器人及配件是否完整，包括机器人本体、示教器、线缆配件及控制柜 4 个主要物品，如图 2-7 所示。随机的文档包括随机光盘、SMB 电池安全说明书、出产清单、基本操作说明和装箱单，如图 2-8 所示。

图　2-7　　　　　　　　　　　　　　　　　图　2-8

小贴士　　拆箱的时候尽量保证箱体的完整，以便日后重复使用。随机文档做好保存，以作不时之需。

2.2　IRB 1200 的搬运与安装

通过上节的内容，我们对机器人的构造有了直观的了解，本节介绍 IRB 1200 的搬运和安装的方法及其相关要求。

1. IRB 1200 的搬运

机器人整箱搬运可以使用叉车或起重机，底板是包装箱承重部分，与内包装物之间通过螺钉固定，使内包装物不会在底板上窜动，是起重机或叉车搬运的受力部分。箱体外壳及上盖只起防护作用，承重有限，包装箱上不能放重物，不能倾倒，不能雨淋等，如图 2-9 所示。

图　2-9

机器人本体的搬运，需要先用扳手拆掉将机器人固定在底座上的四个螺钉，如图 2-10 所示。机器人出厂时都会把机器人本体调至适合搬运的姿态，并且用支架进行固定，还没有搬运至正确位置之前，支架不要拆除，如图 2-11 所示。

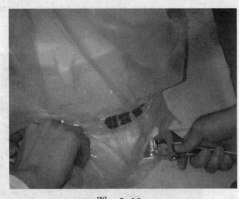

图　2-10

图　2-11

机器人机械臂的重量根据型号的不同而不同，但普遍都很重，像 IRB 1200 的两个型号重量分别是 52kg 和 54kg，而 IRB 6660-100/3.3 重量更是达到了 1950kg，人为搬运并不现实，所以搬运时需要用到起重机。

用起重机吊升机器人所需设备包含：高架起重机、圆形吊带、吊升工具集（支架、连接螺钉、垫圈）。需要注意的是，在机器人表面与圆形吊带直接接触的地方，需要垫放厚布，如图 2-12 所示。

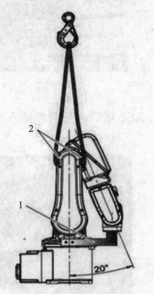

图　2-12
1—支架　2—厚布

控制柜的搬运，标准型控制柜一般有吊环，可以使用起重机搬运或叉车搬运；紧凑型控制柜因为比较小，可以人力搬运。

小贴士　在没有固定机器人底座之前，不要更改机器人本体的姿态，否则会导致机器人本体重心改变，容易发生倾斜。

2. IRB 1200 机器人本体与控制柜的安装

要安装机器人，首先要对安装地点进行全面考察，包括布局、地面状况、供电情况等基本情况，还需要认真阅读机器人的随机文档，了解机器人本体的最大运动空间，以及安装工具时的运动范围，从而确定机器人的具体安装位置。根据实际情况，一般工业机器人可以安装在地面、墙面以及工作台上。

将机器人安装到机器人工作台，固定机器人本体底座的四个螺钉，然后将固定机器人姿态的支架拆除。

为了保证机器人正常工作，动力电缆、SMB 电缆、示教器电缆必须连接到机器人控制柜。三条电缆的插头和插口都有防错机制和标识，其中动力电缆一端标注为 XP1，另一端标注为 R1.MP；SMB 电缆一端是直头，另一端是弯头；示教器电缆线为红色。下面以 IRB 1200 机器人控制柜的电缆连接为例进行说明，具体连接方法为：

（1）动力电缆　把标注为 XP1 的插头接入控制柜对应插口，将另一端 R1.MP 插头接入机器人本体底座的插口，如图 2-13 和图 2-14 所示。

图 2-13

图 2-14

（2）SMB 电缆　把直型插头插入控制柜 XS2 端口，把弯型插头插入机器人本体底座 SMB 端口，如图 2-15 和图 2-16 所示。

图 2-15

图 2-16

（3）示教器电缆　把示教器放到示教器支架上，插头接入控制柜 XS4 端口，如图 2-17 和图 2-18 所示。

图 2-17

图 2-18

3. IRB 1200 电源电缆的制作

电源电缆需要根据机器人的基本参数进行制作，IRB 1200 使用的是单相 220V 供电，最大功率为 0.5kW，根据此参数，准备电源线并制作控制柜端的接头。零件及制作方法如图 2-19 和图 2-20 所示。

图 2-19

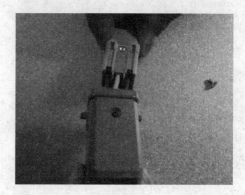

图 2-20

需要注意的是，电线的接头处一定要涂锡后再插入接头压紧。制作完成并检查无问题后把电源接头插入控制柜 **XP0** 端口并锁紧，如图 2-21 和图 2-22 所示。

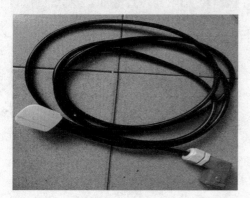

图 2-21

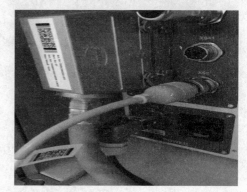

图 2-22

2.3　IRB 1200 硬件结构

1. 机器人本体

ABB IRB 1200 6 个关节轴的位置如图 2-23 ～图 2-28 所示。

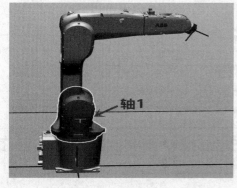

图 2-23

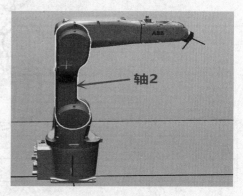

图 2-24

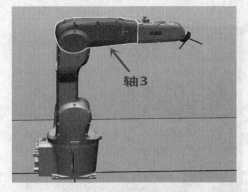

图 2-25

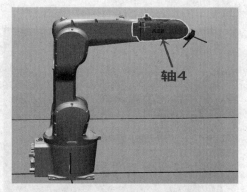

图 2-26

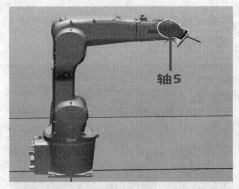

图 2-27

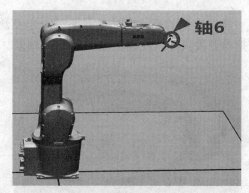

图 2-28

2. IRB 1200 轴运动

每个关节轴都有自己特有的运动轨迹，如图 2-29 所示。

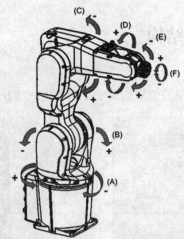

A	轴 1	C	轴 3	E	轴 5
B	轴 2	D	轴 4	F	轴 6

图 2-29

6 个关节轴对应的工作范围见表 2-1。

表　2-1

动作位置	动作类型	IRB 1200-7/0.7	IRB 1200-5/0.9
轴 1	旋转动作	$-170° \sim +170°$	$-170° \sim +170°$
轴 2	手臂动作	$-100° \sim +135°$	$-100° \sim +130°$
轴 3	手臂动作	$-200° \sim +70°$	$-200° \sim +70°$
轴 4	手腕动作	$-270° \sim +270°$	$-270° \sim +270°$
轴 5	弯曲动作	$-130° \sim +130°$	$-130° \sim +130°$
轴 6	转向动作	默认：$-400° \sim +400°$	默认：$-400° \sim +400°$

IRB 1200 是 ABB 最新一代 6 轴工业机器人中的一员，它机身小巧，有效工作范围大，有利于加快生产节拍，减少设备占用空间，专为使用基于机器人的灵活自动化的制造行业（如 3C 行业）而设计，IRB 1200 两种型号的最大臂展分别为 703mm 和 901mm，有效荷载分别为 5kg 和 7kg。

2.4　RobotStudio 软件

RobotStudio 软件是 ABB 公司专门开发的工业机器人离线编程软件。顾名思义，借助 RobotStudio 离线编程软件，可在不影响生产的前提下执行培训、编程和优化等任务，如同将真实的机器人搬到了 PC 中。在实际生产中，具有降低生产风险、投产更迅速、换线更快捷、生产效率提高等优势。图 2-30 为根据某一实际工作站在 RobotStudio 软件中建立的模拟工作站。

图　2-30

RobotStudio 以 ABB VirtualController 为基础，与机器人在实际生产中运行的软件完全一致。因此，通过 RobotStudio 可执行十分逼真的模拟，所用均为车间中实际使用的真实机器人程序和配置文件。同时 RobotStudio 以其操作简单、界面友好和功能强大而得到广大机器人工程师的一致好评。

RobotStudio 发行时间为 2003 年 4 月 3 日，经过十几年的更新，现在最新软件版本已经是 6.0 以上，通常情况，高版本的 RobotStudio 会兼容低版本的 RobotStudio，而高版本的打包文件在低版本中运行容易报错。值得注意的是，RobotStudio5.0 和 RobotStudio6.0 版本不兼容，在 RobotStudio6.0 软件中运行由 RobotStudio5.0 创建的打包文件需要安装对应的 5.0 版本的 RobotWare，在往后的学习中，如果遇到 5.0 版本的工作站打包文件，一定要安装 5.0 版本的 RobotWare。

课后练习题

1. 检查外包装是否完好，如果存在_____、_____等情况，应第一时间联系销售方及物流方。

2. 机器人配件主要包括：_____、_____、线缆配件及_____4 个主要物品，随机的文档包括：_____。

3. 机器人本体与控制柜之间需要连接三条电缆，它们是：_____、_____、示教器电缆。

4. IRB 1200 工业机器人的供电范围为_____。

5. 工业机器人的包装箱里有哪些物品？

6. 简述 ABB 机器人 IRB 1200 6 个轴的运动范围。

第 3 章

ABB 工业机器人基本操作

➲ 知识要点

1. 创建虚拟工作站
2. 示教器界面认知
3. 三种手动操纵动作模式
4. 转数计数器更新方法

➲ 技能目标

1. 掌握 RobotStudio 软件的下载和安装方法
2. 懂得如何在 RobotStudio 上创建虚拟工作站
3. 对坐标系有一定的认知
4. 了解三种手动操纵动作模式
5. 掌握急停的解除恢复方法
6. 掌握制动闸释放单元的使用及注意事项
7. 掌握转数计数器更新方法

3.1 RobotStudio 软件的安装与界面介绍

3.1.1 RobotStudio 安装步骤

RobotStudio 软件的官方下载地址是 www.robotstudio.com，官方网址上仅提供最新版本下载。

RobotStudio 6.0 的安装对计算机推荐配置见表 3-1。

表 3-1

硬 件	要 求
CPU	I5 或以上
内存	2GB 或以上
硬盘	空闲 20GB 以上
显卡	独立显卡
操作系统	Windows7 或以上

RobotStudio 安装步骤为：1 双击【setup.exe】—2 选择【中文（简体）】并确定—3 对话框中单击【下一步】—4 选择【我接受】并单击【下一步】—5 单击【接受】—6 单击【下一步】—7 选择【完整安装】并单击【下一步】—8 单击【安装】—9 单击【完成】，如图 3-1 ～图 3-9 所示。图 3-10 为安装后桌面产生的图标。

小贴士

1. 由于 RobotStudio 软件对中文不具有识别性，安装目录里不要有中文，就算中文目录能够正常安装，在后期的使用过程中也会出现报错，影响使用。

2. 安装前关闭计算机防火墙、退出安全软件，防止安装失败。

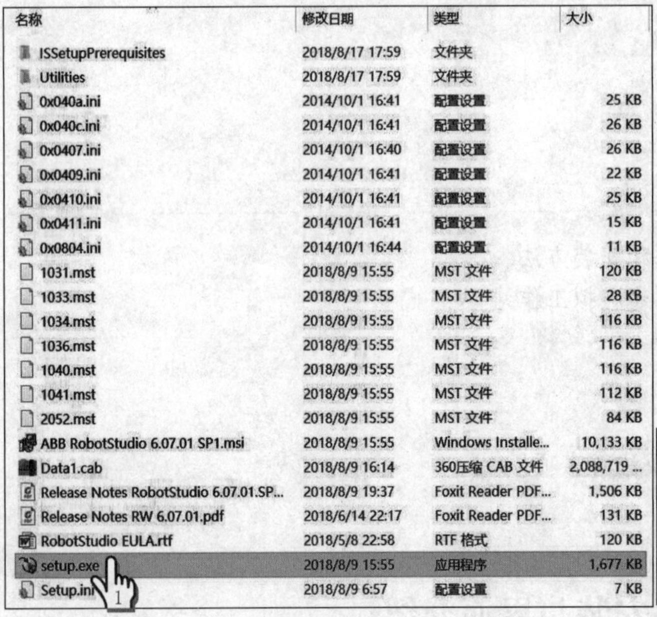

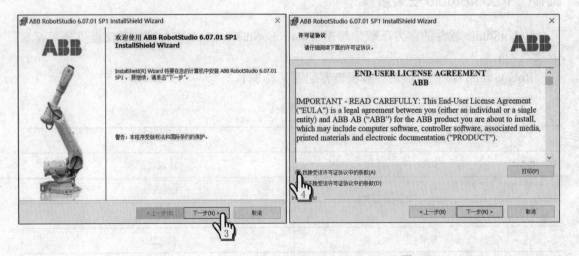

图　3-1 　　　　　　　　　　　　　　　　　　图　3-2

图　3-3　　　　　　　　　　　　　　　　　　图　3-4

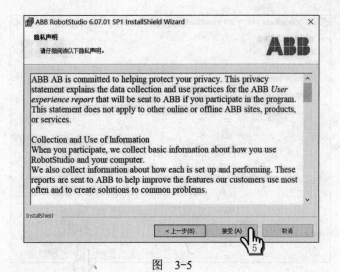

图　3-5

图　3-6

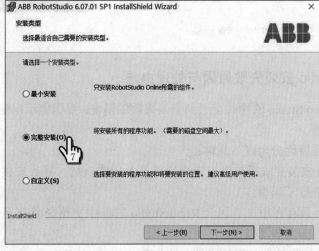

图　3-7

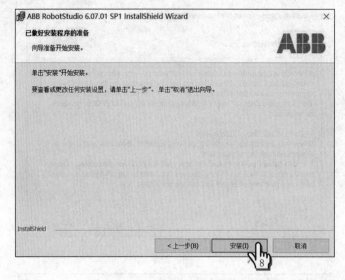

图 3-8

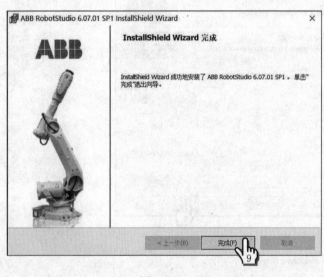

图 3-9

图 3-10

3.1.2 RobotStudio 安装失败原因与处理办法

在初次安装 RobotStudio 软件时会遇到安装失败的情况，报错提示也是五花八门，图 3-11 所示为部分报错截图。

安装失败的大致原因分为以下几种：

原因 1：未按照安装要求提前退出安全软件及关闭防火墙，导致安装包在解压时或软件安装时对某些文件进行了误杀。

原因 2：安装目录存在中文。因为 RobotStudio 软件中文路径具有不识别性，所以如果路径中存在中文会影响安装及使用。

原因 3：计算机缺失软件必需的组件，比如 Microsoft NET Framework、C++ 等。

原因 4：计算机系统有问题。

原因 5：计算机配置过低。

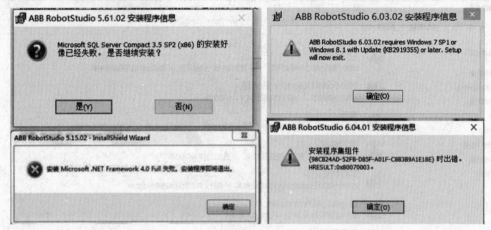

图　3-11

安装失败各原因解决办法：

原因 1 解决办法： 先去安全软件隔离区恢复被误杀的文件，然后退出安全软件、关闭防火墙进行重装。现在市面上有很多品牌的安全软件，虽然退出方法不尽相同，但基本都可以在软件界面找到退出软件或停止实时保护选项，详细方法就不一一赘述。防火墙是系统自带的，关闭办法可以参考以下步骤：

先打开控制面板，1 单击【系统和安全】—2 单击【防火墙】—3 单击【启用或关闭 Windows Defender 防火墙】—4 选中【关闭 Windows Defender 防火墙】—5 单击【确定】，如图 3-12 ～图 3-15 所示。

原因 2 解决办法： 要验证安装目录是否存在中文，可以参考下面两种方法：

1）通过查看软件的桌面图标属性进行确认，如图 3-16 所示，可以看出其安装目录中存在中文。

图　3-12

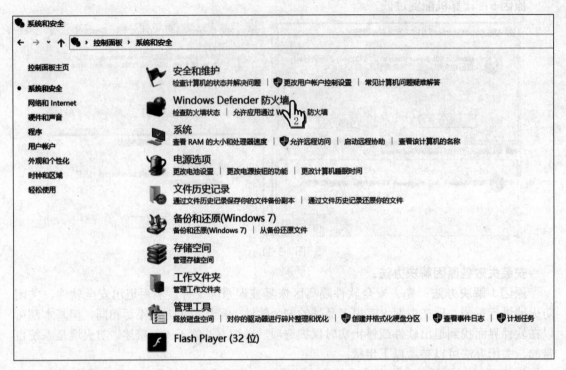

图 3-13

图 3-14

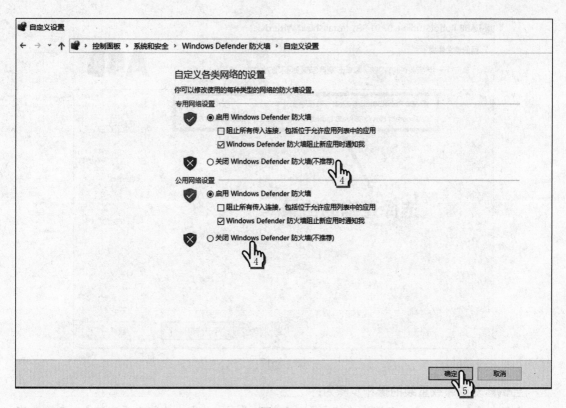

图　3-15

图　3-16

2）直接去软件的安装目录进行查看。

如果安装目录存在中文，首先把软件进行卸载，然后再进行重装，重装时在图 3-17 所示步骤选择不存在中文的安装目录，然后完成安装即可。

原因 3 解决办法：现在的安全软件都有对计算机的体检及修复功能，可以先联网进行体检修复，如果依旧没有解决问题，则可以直接在网上搜索软件所缺失的组件进行下载安装。然后进行重装或修复。

原因 4 解决办法：计算机系统问题，首先尝试用安全软件对计算机进行体检修复，如果依旧不能正确安装软件，建议重装系统。

原因 5 解决办法：RobotStudio 软件的安装对计算机的配置有一定要求，如果配置过低只能对配置进行升级。表 3-1 是官方对安装 RobotStudio 6.0 以上版本的建议配置。

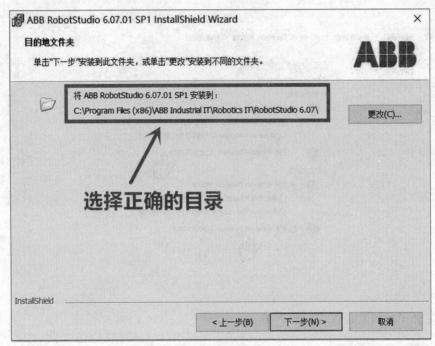

图　3-17

尝试修复或卸载重装的操作步骤为：

1 双击【setup.exe】—2 选中【修复】—3 单击【下一步】—4 单击【安装】—5 等待安装结束后，单击【完成】，结束修复，如图 3-18～图 3-21 所示。

名称	修改日期	类型	大小
0x040a.ini	2014/10/1 10:41	配置设置	25 KB
0x040c.ini	2014/10/1 10:41	配置设置	26 KB
0x0407.ini	2014/10/1 10:40	配置设置	26 KB
0x0409.ini	2014/10/1 10:41	配置设置	22 KB
0x0410.ini	2014/10/1 10:41	配置设置	25 KB
0x0411.ini	2014/10/1 10:41	配置设置	15 KB
0x0804.ini	2014/10/1 10:44	配置设置	11 KB
1031.mst	2018/4/26 22:49	MST 文件	120 KB
1033.mst	2018/4/26 22:49	MST 文件	28 KB
1034.mst	2018/4/26 22:49	MST 文件	116 KB
1036.mst	2018/4/26 22:49	MST 文件	116 KB
1040.mst	2018/4/26 22:49	MST 文件	116 KB
1041.mst	2018/4/26 22:49	MST 文件	112 KB
2052.mst	2018/4/26 22:49	MST 文件	84 KB
ABB RobotStudio 6.07.msi	2018/4/26 22:38	Windows Installer	10,136 KB
Data1.cab	2018/4/26 22:48	360压缩 CAB 文件	1,972,191 KB
Release Notes RobotStudio 6.07.pdf	2018/4/26 23:06	Foxit Reader PDF D...	1,476 KB
Release Notes RW 6.07.pdf	2018/4/27 8:40	Foxit Reader PDF D...	121 KB
RobotStudio EULA.rtf	2018/2/14 18:59	RTF 格式	120 KB
setup.exe	2018/4/26 22:50	应用程序	1,677 KB
Setup.ini	2018/4/26 22:19	配置设置	7 KB

图　3-18

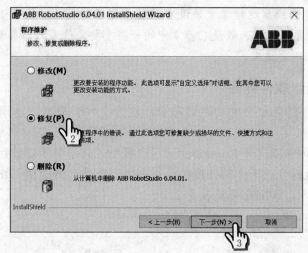

图　3-19

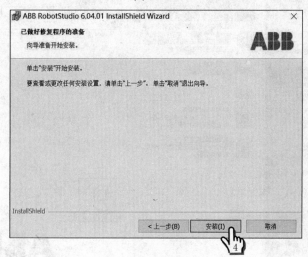

图　3-20

图　3-21

小
贴
士

如果用来重装的系统镜像文件没有问题，都可以成功安装。值得注意的是，重装系统前，建议把系统盘（一般是 C 盘）中的一些重要文件（比如桌面上的个人文件等）转移至其他盘，以免遗失。

3.1.3　RobotStudio 软件界面

RobotStudio 软件拥有七个主功能选项卡，包含文件、基本、建模、仿真、控制器、RAPID、Add-Ins。

1）"文件"选项卡能打开 RobotStudio 后台视图，其中显示当前活动的工作站的信息和元数据，列出最近打开的工作站并提供一系列用户选项（创建新工作站、连接到控制器等），如图 3-22 所示。详细介绍见表 3-2。

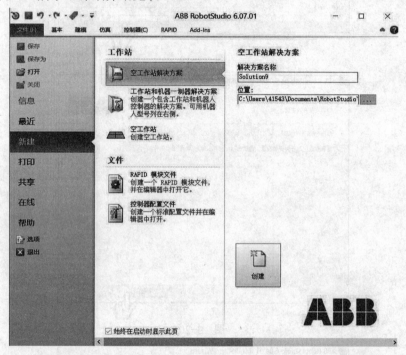

图　3-22

表　3-2

选 项 卡	描 述
保存 / 保存为	保存工作站
打开	打开保存的工作站。在打开或保存工作站时，选择加载几何体选项，否则几何体会被永久删除 若针对一台虚拟控制器来改变 RobotWare 选项，则选择重置虚拟控制器（I-start）以激活此类改变
关闭	关闭工作站
信息	RobotStudio 中打开某个工作站后，此选项卡将显示该工作站的属性，以及作为打开的工作站的一部分的机器人系统和库文件
最近	显示最近访问的工作站
新建	创建新工作站
打印	打印活动窗口中的内容
共享	与其他人共享数据
在线	连接到控制器
帮助	有关 RobotStudio 安装和许可授权的信息
选项	显示有关 RobotStudio 选项的信息
退出	关闭 RobotStudio

2）"基本"选项卡包含构建工作站、创建系统、编辑路径、基本设置及摆放项目所需的控件，如图 3-23 所示。

图　3-23

3）"建模"选项卡上的控件可以进行创建及分组组件、创建部件、测量以及进行与 CAD 相关的操作，如图 3-24 所示。

图　3-24

4）"仿真"选项卡上包括创建、配置、仿真控制、监控、信号分析器和记录仿真的相关控件，如图 3-25 所示。

图　3-25

5）"控制器"选项卡包含用于管理真实控制器的控制措施，以及用于虚拟控制器的同步、配置和分配给它的任务的控制措施，如图 3-26 所示。

图　3-26

6）"RAPID"选项卡提供了用于创建、编辑和管理 RAPID 程序的工具和功能，可以管理真实控制器上的在线 RAPID 程序、虚拟控制器上的离线 RAPID 程序或者不属于某个系统的单机程序，如图 3-27 所示。

图　3-27

7）"Add-Ins"选项卡包含 RobotApps 社区、RobotWare、齿轮箱热量预测的相关控件，如图 3-28 所示。RobotApps 社区中可以下载各种版本的 RobotWare 和插件，很实用。

图 3-28

小贴士

RobotStudio 软件更详细的界面介绍也可以查询软件自带的操作手册，具体方法为：依次单击【文件】选项卡-【帮助】-RobotStudio 帮助，即可查看。

3.2 在 RobotStudio 上创建一个最简单的虚拟工作站

一个基本的 RobotStudio 虚拟工作站应该包含机器人本体、工作台、工具以及机器人系统等。本节内容讲解在 RobotStudio 上创建一个最简单的虚拟工作站，步骤如下：

1 在"文件"选项卡中单击【新建】—2 选中【空工作站】—3 单击【创建】—4 单击【ABB 模型库】—5 选中【IRB 1200】—6 选择需要的【容量】—7 单击【确定】—8 单击【机器人系统】—9 单击【从布局…】—10 选择 RobotWare 版本—11 单击【下一个】—12 单击【下一个】—13 单击【选项…】—14 选择【Default Language】，更改语言为【Chinese】—15 单击【完成】—16 单击【导入模型库】—17 单击【设备】—18 选择工具【myTool】—19 选择工件【propeller table】—20 右击布局栏中的【MyTool】—21 单击【安装到】—22 单击【IRB1200_5_90_STD_02（T_ROB1）】—23 单击【是】，如图 3-29～图 3-40 所示。

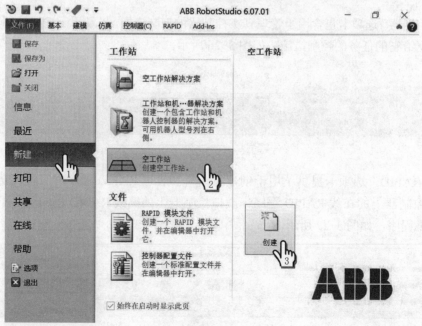

图 3-29

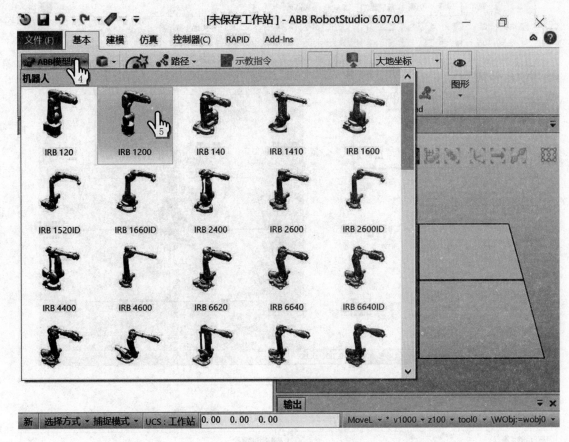

图　3-30

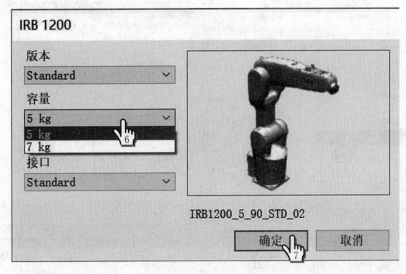

图　3-31

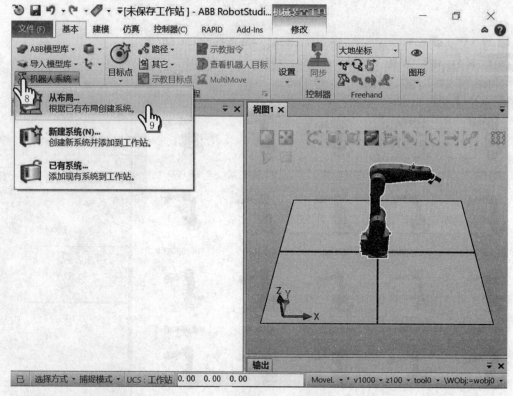

图 3-32

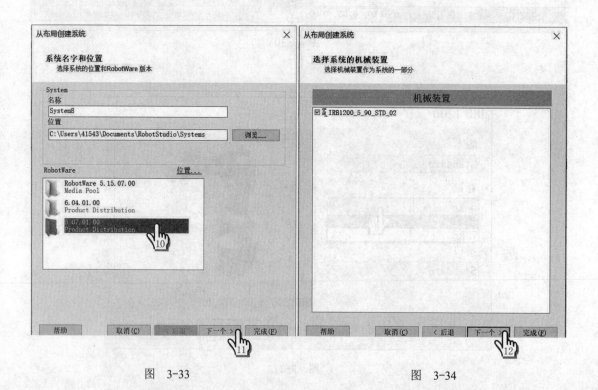

图 3-33　　　　　　　　　　　　　　　　　　　图 3-34

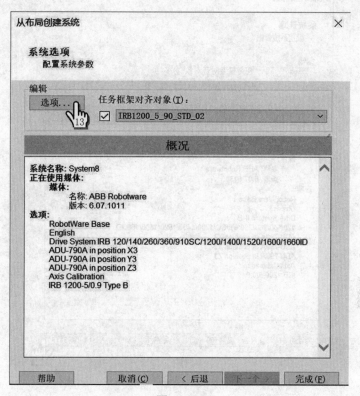

图　3-35

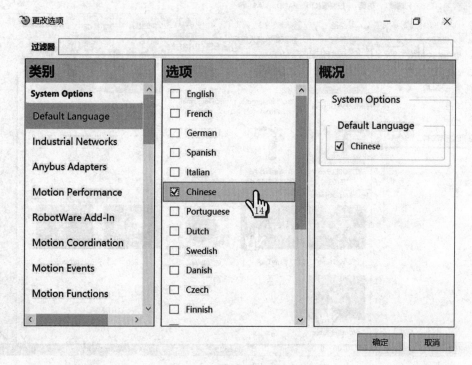

图　3-36

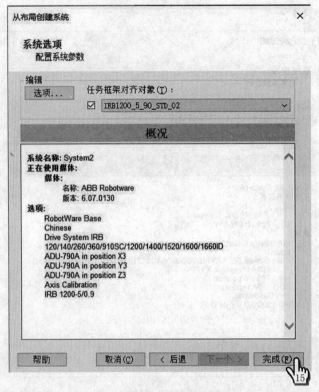

图 3-37

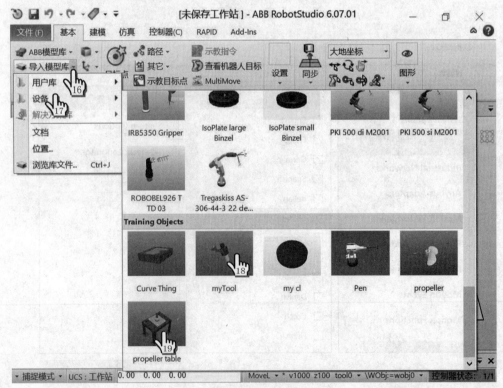

图 3-38

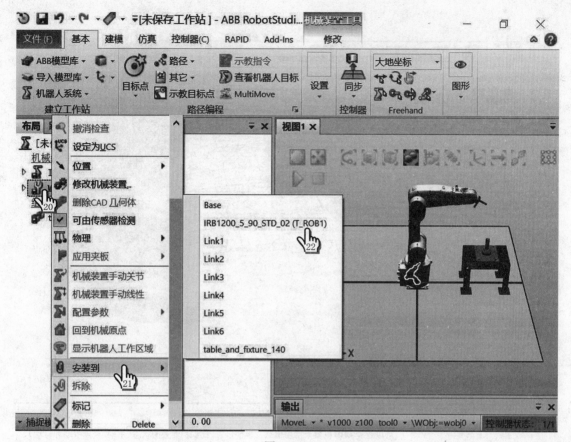

图　3-39

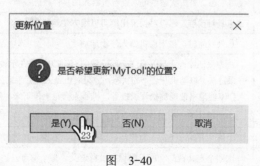

图　3-40

3.3　示教器界面

3.3.1　界面功能概述

我们日常接触到的示教器有两种，一种是 RobotStudio 软件中的虚拟示教器，另一种是现实中的真实示教器，它们界面基本一致，但考虑到 RobotStudio 软件的操作便利性，虚拟示教器进行了部分调整，具体介绍如图 3-41 和表 3-3 所示。

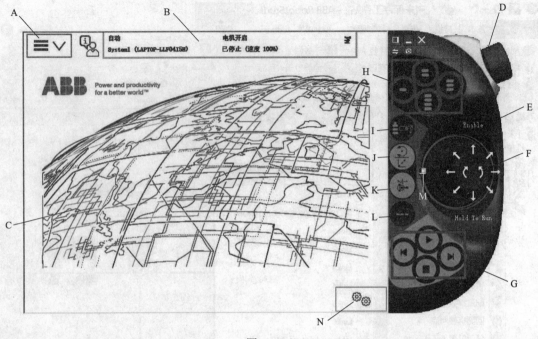

图　3-41

表　3-3

A	主菜单栏	说明
B	状态栏	可以查看ABB机器人常用信息及事件日志，比如机器人的状态（手动、全速手动和自动）、机器人的系统信息、机器人的电动机状态、机器人的程序运行状态、当前机器人或外轴的使用状态。单击状态栏可以查看机器人的事件日志
C	显示屏	也是触摸屏。通过触摸屏用笔可以很方便地操作
D	急停按钮	意外发生时，按下后机器人停止运动
E	使能键	是为保证操作人员人身安全而设置的（现实中，是在示教器的侧面）。只有在按下使能键，并保持在"电动机开启"的状态，才可对机器人进行手动操作与程序调试。当发生危险时，人会本能地将使能键松开或按下，机器人会马上停下来，保证安全
F	手动操纵杆	手动模式下，在使能键按下时，通过操作手动操纵杆可以使机器人向特定的方向运动
G	运动控制键	上键－开始，下键－暂停，左键－步退，右键－步进
H	可编程控制键	这四个定义键的功能可由程序员自定义，每个键可以控制一个模拟输入信号或一个输出信号以及其端口
I	运动单元切换键	手动状态下，操纵机器人本体与机器人所控制的其他机械装置（外轴）之间的切换
J	运动模式切换键1	包含直线运动与姿态运动。直线运动是指机器人TCP（工具中心点）沿坐标系X、Y、Z轴方向做直线运动。姿态运动是指机器人TCP在坐标系中X、Y、Z轴数值不变，至沿着X、Y、Z轴旋转，改变姿态
K	运动模式切换键2	单轴运动选择键。第一组：1、2、3轴；第二组：4、5、6轴
L	点动操纵键	启动或关闭点动操纵功能，从而控制机器人手动运行时的速度
M	复合按钮	包含上电/复位按钮、手动/自动开关（现实中，是在控制器面板上）
N	快捷键	包含机器人当前配置、增量、运行模式、步进模式、速度调节等

现实中，示教器与虚拟示教器的界面区别，正面如图 3-42 所示，背面如图 3-43 所示。示教器的正确持法如图 3-44 所示，详细说明见表 3-4。

图　3-42

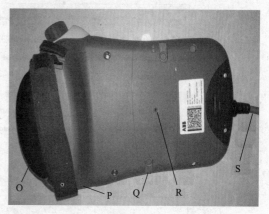

图　3-43

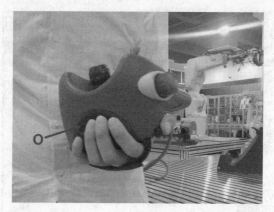

图　3-44

表　3-4

O	使能键	介绍可以参考"表 3-3"的"E"
P	USB 端口	将 USB 存储器连接到 USB 端口以读取或保存文件 USB 存储器在对话和 FlexPendant 浏览器中显示为驱动器 /USB：可移动的
Q	触摸笔	触摸 FlexPendant 屏幕时使用
R	示教器复位按钮	按钮会重置 FlexPendant，而不是控制器上的系统
S	示教器线缆	另一端插头接入控制柜 XS4 端口

3.3.2　设定示教器语言

RobotStudio 软件提供有汉语、英语、德语等多种语言选择，出厂时通常默认为英语，这一节教大家如何通过示教器设定自己需要的语言，以英语更改为汉语为例，步骤依次为：1 设置为手动模式—2 单击主菜单栏—3 单击【Control Panel】—4 单击【Language】—5 选中【Chinese】—6 单击【OK】—7 单击【Yes】，如图 3-45～图 3-48 所示，图 3-49 为设定完成后的界面。

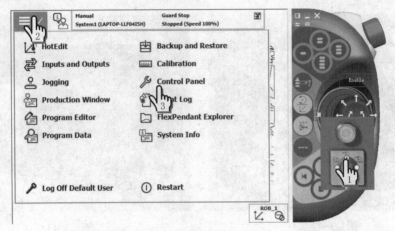

图　3-45

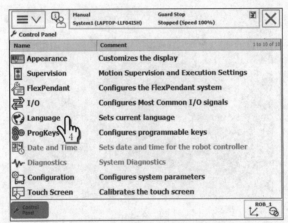

图　3-46

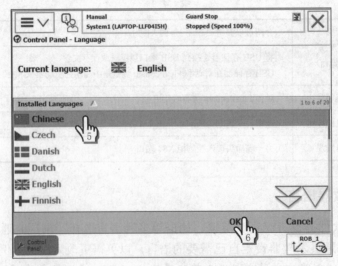

图　3-47

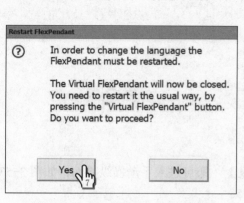

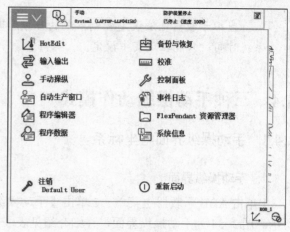

图　3-48　　　　　　　　　　　　　　　　　图　3-49

3.3.3　设定控制系统日期和时间

操作步骤依次为：1 单击主菜单—2 单击【控制面板】—3 单击【日期和时间】—4 设定完成后单击【确定】，如图 3-50 ～图 3-52 所示。

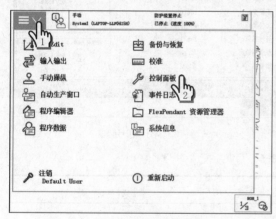

图　3-50　　　　　　　　　　　　　　　　　图　3-51

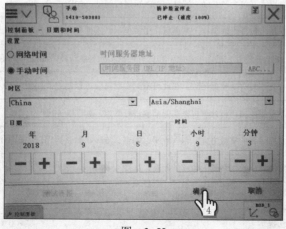

图　3-52

3.4 三种手动操纵动作模式

3.4.1 手动操纵界面与坐标系

1. 手动操纵界面

1 单击 ABB 示教器主菜单—2 单击【手动操纵】，即可进入手动操纵界面，如图 3-53 所示。图 3-54 为手动操纵界面，详细介绍见表 3-5。

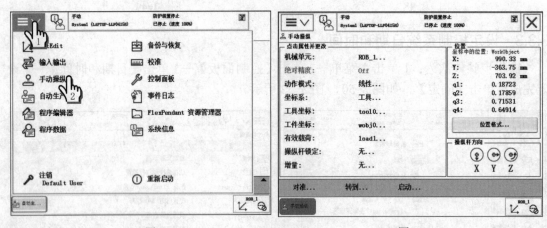

图 3-53   图 3-54

表 3-5

机械单元	可以在多个机器人和外部轴之间切换控制，如图 3-55 所示
绝对精度	ON/OFF，默认为 OFF
动作模式	选择动作模式，包含轴运动、线性运动、重定位运动，如图 3-56 所示
坐标系	选定坐标系，包含大地坐标、基坐标、工具坐标、工件坐标，如图 3-57 所示
工具坐标	默认的 tool0 是创建在法兰中心上，在此可根据实际需要新建，如图 3-58 所示
工件坐标	默认的 wobj0 与大地坐标一致，在此可根据实际需要进行新建，如图 3-59 所示
有效载荷	机器人的荷载数据，在此可根据实际需要进行新建，如图 3-60 所示
操纵杆锁定	可以锁定操纵杆的有效方向，包含水平、垂直、旋转，默认为无，如图 3-61 所示
增 量	操纵杆每位移一次，机器人位移的距离，如图 3-62 所示
位 置	显示当前坐标系状态下，机器人的位置信息
操纵杆方向	操作方法提示

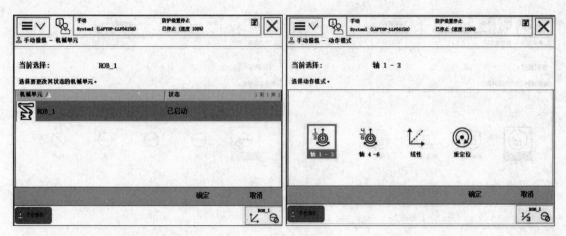

<table>
<tr><td>图　3-55</td><td>图　3-56</td></tr>
</table>

图　3-55　　　　　　　　　　　　　　　图　3-56

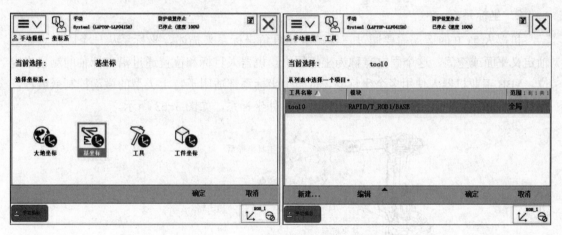

图　3-57　　　　　　　　　　　　　　　图　3-58

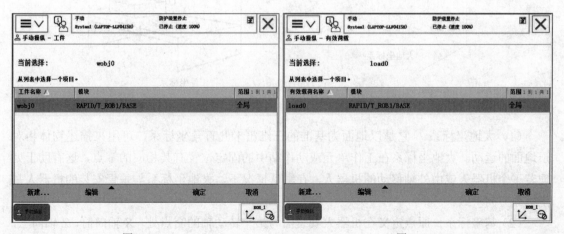

图　3-59　　　　　　　　　　　　　　　图　3-60

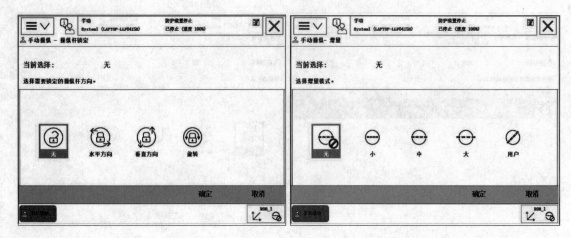

图 3-61   图 3-62

2. 坐标系

机器人 TCP 的运动需要通过三维笛卡儿直角坐标系来描述。坐标系从一个固定点通过轴定义平面或空间，这个固定点称为坐标原点。机器人目标和位置通过沿坐标轴的测量来定位。ABB 工业机器人使用多个坐标系，每一个坐标系都适用于特定类型的微动控制或编程，包括大地坐标系、基坐标系、工具坐标系、工件坐标系，如图 3-63 所示。

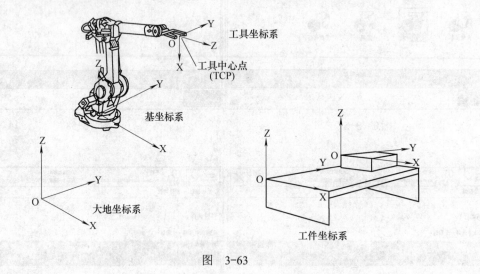

图 3-63

（1）大地坐标系　它是以地面为基准的三维笛卡儿直角坐标系，可用来描述物体相对于地面的运动。大地坐标系在工作单元或动作站中的固定位置有其相应的零点，这有助于处理若干个机器人或由外轴移动的机器人。在默认情况下，大地坐标系与垂直安装的机器人基坐标系方向一致。

（2）基坐标系　原点定义在机器人安装面与第一转动轴的交点处，X 轴向前，Z 轴向上，Y 轴则可以用右手法则确定，如图 3-64 所示。基坐标系是描述机器人 TCP 在三维空间运动所必需的基本坐标系，任何机器人都需要有基坐标系。

（3）工具坐标系　通常缩写为 TCPF（Tool Center Point Frame），其工具中心点设为坐标原点（即 TCP），由此定义工具的位置和方向。

执行程序时，机器人将 TCP 移至编程位置。这意味着，在更换新的工具后，工具坐标系必须重新设定，否则机器人依旧会按照之前的 TCP 进行移动，导致错误的发生。

（4）工件坐标系　它定义工件相对大地坐标系（或其他坐标系）的位置。机器人可以拥有若干工件坐标系，或者表示不同工件，或者表示同一工件在不同位置的若干副本。

通过建立工件坐标系，机器人需要对不同工件进行相同作业时，只需要改变工件坐标系，就能保证工具 TCP 到达指定点，而无需对程序进行其他修改。

小贴士　右手法则：对于垂直地面安装的机器人，当人站在机器人后方正对机器人时，用右手摆出图 3-64 所示的手势，此时拇指指向基坐标系 Z 轴正方向、食指指向基坐标系 X 轴正方向、中指指向基坐标系 Y 轴正方向。

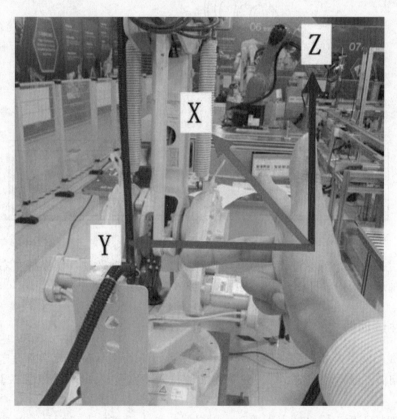

图　3-64

3.4.2　单轴运动模式

ABB 机器人手动操纵模式有三种运动模式，分别是轴运动、线性运动和重定位运动。进行手动操纵前，必须把工作模式档位开至手动减速模式。

以 6 轴机器人为例，如图 3-65 所示，每个轴由一个独立的伺服电动机驱动，每次手动操纵一个关节轴的运动，称为单轴运动。

按照图 3-53 所示步骤进入动作模式，可以看出轴运动模式分为两组，第一组（1、2、3 轴），第二组（4、5、6 轴），选定其中一组后，显示屏右下角的【操纵杆方向】会有对应的操作指引，如图 3-66 所示。

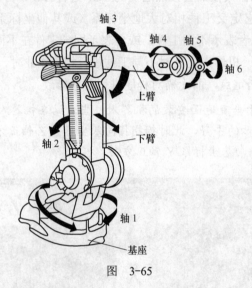

图　3-65

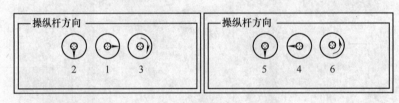

图　3-66

在使能键按下后，操纵杆上下方向可以操纵 2 轴或 5 轴运动，操纵杆左右方向可以操纵 1 轴或 4 轴运动，操纵杆旋转可以操纵 3 轴或 6 轴运动。

3.4.3　线性运动模式

机器人线性运动是指安装在机器人第六轴法兰盘上的工具在空间沿着设定的坐标系的 X、Y、Z 方向做直线运动。按照图 3-53 所示步骤进入动作模式，选择【线性 ...】，如图 3-67 所示。

在使能键按下后，操纵杆上下摆动可以操纵机器人沿着参考坐标系的 X 方向运动，操纵杆左右摆动可以操纵机器人沿着参考坐标系的 Y 方向运动，操纵杆旋转可以操纵机器人沿着参考坐标系的 Z 方向运动。

小贴士　　在操纵机器人进行线性运动时，可以根据所设定的坐标系的 X、Y、Z 正方向调整站位，以达到机器人运动方向与操纵杆运动方向一致。此法在实际中使用很方便。

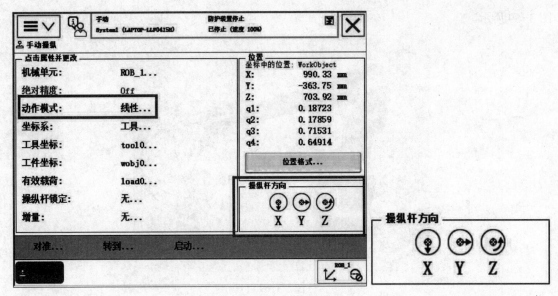

图　3-67

3.4.4　重定位运动模式

机器人的重定位运动是指机器人保持 TCP 空间位置不变绕参考坐标系旋转的运动，也可以理解为机器人绕着工具 TCP 点做姿态调整的运动。按照图 3-53 所示步骤进入动作模式，选择【重定位 ...】，如图 3-68 所示。

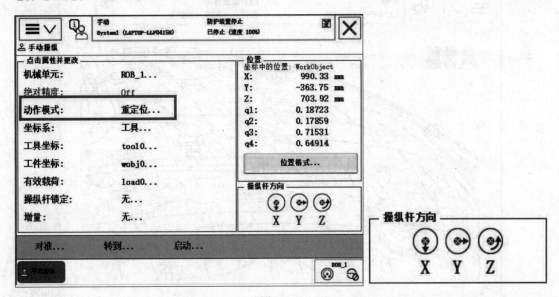

图　3-68

在使能键按下后，操纵杆上下摆动可以操纵机器人工具 TCP 绕着工具坐标系 X 方向旋转，操纵杆左右摆动可以操纵机器人工具 TCP 绕着工具坐标系 Y 方向旋转，操纵杆旋转可以操纵机器人工具 TCP 绕着工具坐标系 Z 方向旋转，在 RobotStudio 中更能直观感受，如

图 3-69 所示。

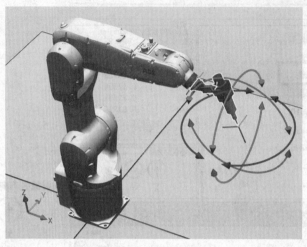

图 3-69

在手动操纵机器人时，操作摇杆幅度小时，机器人运动速度小；操纵摇杆幅度大时，机器人运动速度大，初学者操作时幅度应该尽量小。如果操纵不熟练，可更改"增量模式"来控制机器人的运动。

更改增量模式步骤为：1 单击触摸屏右下角快捷键—2 单击增量图标即可对增量类型进行选择—3 单击【显示值】可以对各个增量模块进行查看，如图 3-70 ～图 3-72 所示。

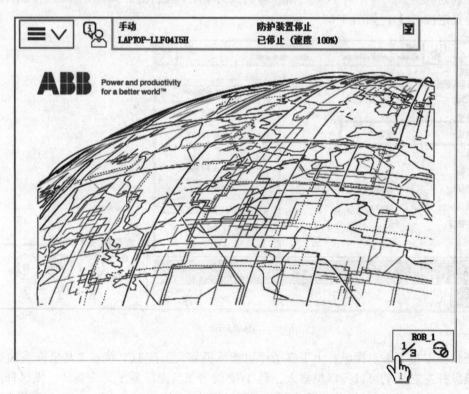

图 3-70

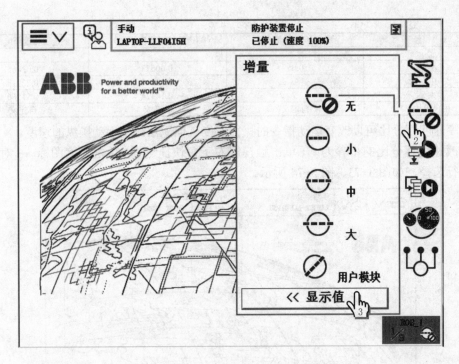

图 3-71

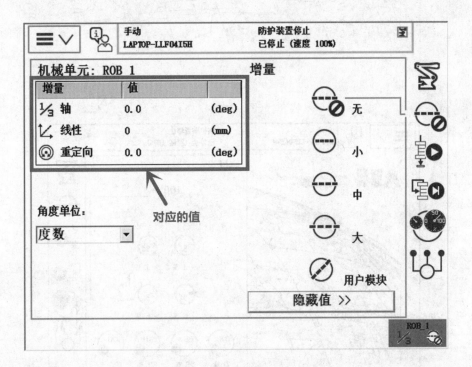

图 3-72

增量模式分"无""小""中""大""用户模块"五个模块，它们的详细区别见表 3-6（仅供参考，型号不同，数值可能存在差异）。

表 3-6

增　量	线性移动距离 /mm	轴运动转动角度（°）	重定位转动角度（°）
无			
小	0.05	0.00573	0.02865
中	1	0.02292	0.22918
大	5	0.14324	0.51566
用户模块	自定义	自定义	自定义

改变速度百分比可以改变运动指令的执行速度，但无法改变手动操纵的速度。

更改速度百分比的步骤为：1 单击触摸屏右下角快捷键—2 单击速度图标—3 对速度百分比进行选择，如图 3-73、图 3-74 所示。

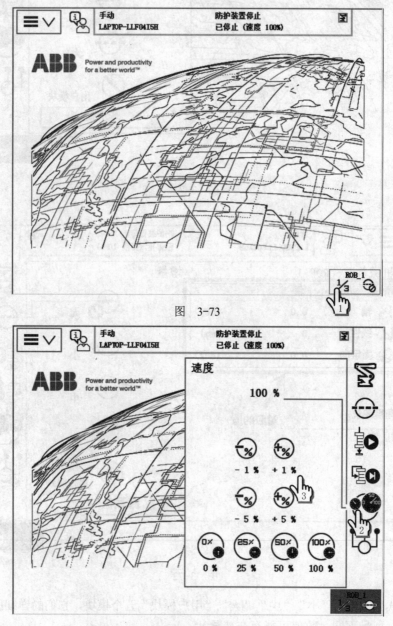

图　3-73

图　3-74

速度百分比系统默认是 100%，系统有 "0%" "25%" "50%" "100%" 四个速度百分比供快速选择，也可通过 "+/-" 进行自我调节。

3.5 急停与解除恢复

急停装置用于在机器故障或人员遇到危险时紧急停止机器运行，任何人员都可操作。ABB 机器人急停按钮常见的为红色蘑菇头状，在控制器面板、示教器上都会进行配置，如图 3-75、图 3-76 所示，同时为了保证生产安全，都会外接急停按钮，如图 3-77 所示。

图 3-75

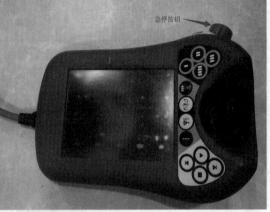

图 3-76

图 3-77

在急停按钮被按下后，示教器的显示屏状态栏会显示 "紧急停止" 红色字样，如图 3-78 所示。

从紧急停止状态恢复是一个简单却非常重要的步骤。此步骤可确保 ABB 机器人系统只有排除危险后才恢复运行。

所有按键形式的紧急停止设备都有 "上锁" 功能。这个锁必须打开才能结束设备的紧急停止状态，许多情况下，需要旋转按钮，而有些设备拉起按键才能解锁。

图　3-78

从紧急停止状态恢复需要进行以下步骤才能恢复正常工作：

1）确保已经排除所有危险。

2）定位并重置引起紧急停止状态的设备。

3）旋转急停按钮进行解锁，示教器的显示屏状态栏会显示"紧急停止后等待电机开启"红色字样，如图 3-79 所示。

图　3-79

4）按下电动机上电键消除急停状态，即完成恢复操作，如图 3-80 所示。

图　3-80

3.6　伺服电动机的制动解除

在实际操作中，有时由于操作失误、工作站内物品位置发生改变等情况而导致机器人本体发生碰撞而卡住，无法通过示教器手动操纵等方式移动机器人。要解决这个问题，可以通过释放制动闸来解决。

制动闸释放单元位于机器人框架或底座上，或位于机器人控制器上。根据机器人型号，位置可能稍有不同。制动闸释放单元有一块护板或夹具保护。通过制动闸释放单元可以释放对应的机器人轴。

大型机器人每个轴都有一个释放按钮，图 3-81 为大型六轴机器人 IRB 760 的制动闸释放单元，其位于机架上，在轴 2 电动机附近，如图 3-82 所示。对于四轴机器人，按钮 4、5 闲置。

对于小型机器人，六根轴共用一个释放按钮（比如 IRB 1200，IRB 140，IRB 910SC，IRB 1410，IRB 360 等）。

图 3-83 为 IRB 1410 的制动闸释放单元，其位于机器人基座背面。

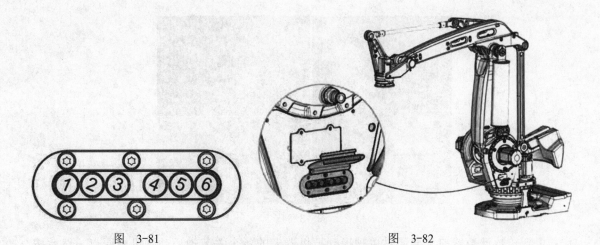

图　3-81   图　3-82

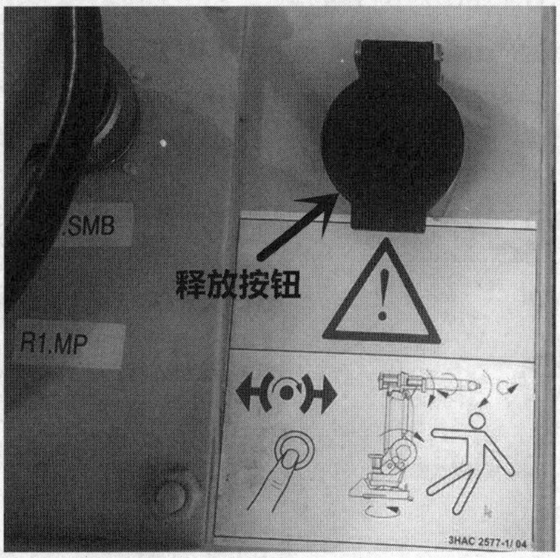

图　3-83

小贴士　释放制动闸时，机器人轴可能移动得非常快，且有时无法预料其移动方式。所以在释放制动闸前，先确保手臂不会增加物件或受到人员的压力进而增加风险。同时，必须确保起重机或类似设备稳固支承机器人手臂。

3.7　更新转数计数器

工业机器人内部有用电池供电的转数计数器，其作用是记录各个轴的数据，用以保证机器人准确移动到设定的坐标位置。ABB 机器人六个关节轴都有一个机械原点的位置。在以下的情况，需要对机械原点的位置进行转数计数器更新操作。

1）更换伺服电动机转数计数器电池后。

2）当转数计数器发生故障，修复后。

3）转数计数器与测量板之间断开过以后。

4）断电后，机器人关节轴发生了位移。

5）当系统报警提示"10036 转数计数器未更新"时。

每个关节轴的机械原点位置都有显著标识，比如图 3-84 所示的 4 种。

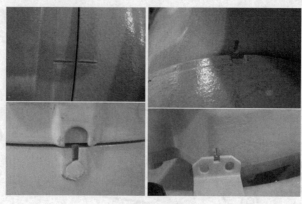

图　3-84

更新转数计数器前需要通过单轴运动把机器人的各个关节轴运动到机械原点，然后按照如下步骤进行操作（以 IRB 1200 为例）。

1 单击 ABB 主菜单栏—2 单击【校准】—3 单击【ROB_1】—4 单击【更新转数计数器…】—5 单击【是】—6 单击【确定】—7 选中【rob1_1】～【rob1_6】并单击【更新】，如图 3-85 ～图 3-90 所示。

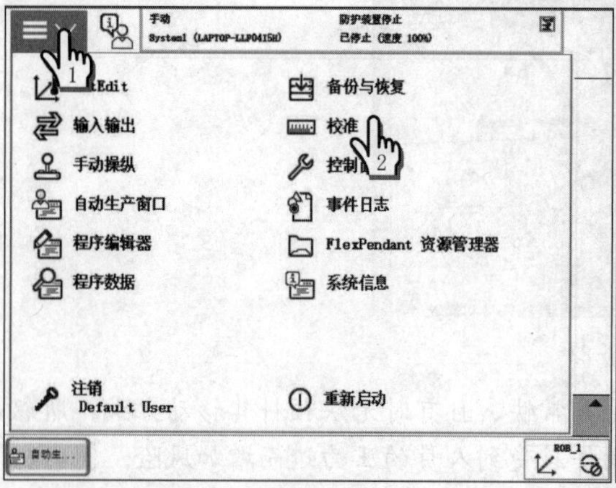

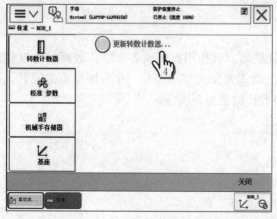

图　3-85

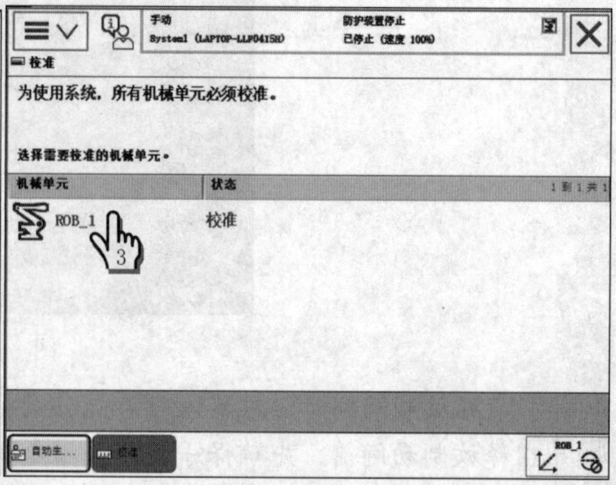

图　3-86

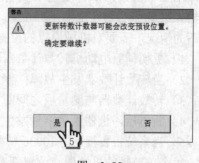

图　3-87

图　3-88

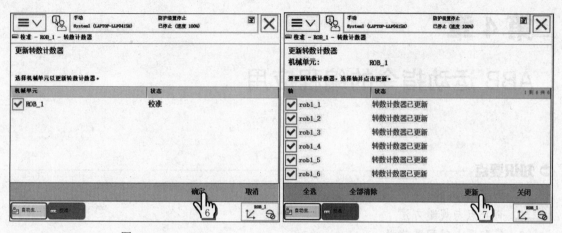

图　3-89　　　　　　　　　　　　　图　3-90

课后练习题

1. 急停解除后需要按下 _____ 使电动机上电。

2. RobotStudio 软件拥有七个主功能选项卡，它们是：_____
_____。

3. ABB 机器人控制系统没有接外部急停的情况下，仍有两个急停按钮可用，它们分别位于_____ 和_____ 上。

4. ABB 机器有重定位运动、_____、_____ 三种动作模式。

5. 当操作者面对机器人本体的背面站立时，做出右手法则手势，其拇指指向基坐标的 Z 方向，食指指向基坐标的_____ 方向，中指指向基坐标的_____ 方向。

6. 简述 RobotStudio 软件安装失败的处理办法。

7. 什么情况下才需要对转数计数器进行更新操作？

第4章

ABB 运动指令的编程应用

● **知识要点**

1. 四类运动指令
2. 奇异点与规避方法
3. 轴配置与轴配置错误
4. RAPID 程序结构
5. RAPID 数据类型与存储方式

● **技能目标**

1. 掌握备份系统与恢复系统方法
2. 掌握查看程序数据值的两种方法
3. 掌握将 TCP 移动至运动指令目标位置的方法
4. 熟练使用运动指令编程再现指定轨迹
5. 懂得如何避免运动轨迹经过奇异点
6. 懂得如何避免运动轨迹中出现轴配置错误
7. 掌握程序文件、程序模块、例行程序的导出与加载的方法

4.1 系统的备份与恢复

由本章开始，本书所介绍的相关操作可能会对机器人系统的运行造成重大影响，因此在本章开篇先向大家介绍 ABB 工业机器人系统的备份与恢复操作。除更新转速计数器操作外，本书所介绍的各类操作均可通过系统备份与还原来撤销操作效果。

小贴士 | 有经验的机器人应用工程师对机器人系统进行系统参数修改、程序数据修改、程序编辑等操作之前，都会先备份机器人系统，以防止出现误操作对机器人系统造成不可还原的后果。项目中机器人系统调试、修改完成后，也应当立即备份系统。在后期机器人系统运行期间，也需要定期进行系统备份。当机器人出现数据错误、系统崩溃或者重新安装系统后，可以通过备份快速地把机器人恢复到系统正常运转时的状态。

1. 手动备份机器人控制系统

手动备份 ABB 机器人系统的步骤是：1 单击 ABB 菜单—2 单击【备份与恢复】—3 单击【备份当前系统 ...】—4 单击【ABC...】—5 在输入框中为备份文件命名—6 单击【确定】—7 单击【...】—8 选择备份文件保存路径—9 单击【确定】—10 单击【备份】，如图 4-1 ～图 4-8 所示。

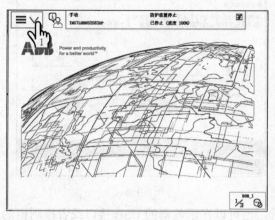

图 4-1

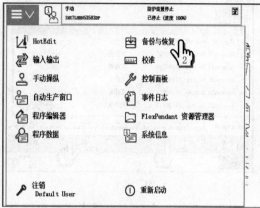

图 4-2

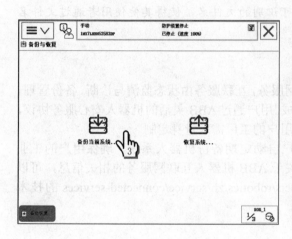

图 4-3

图 4-4

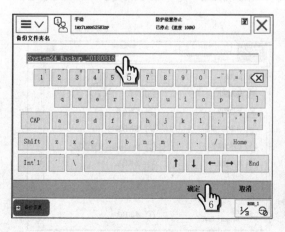

图 4-5

图 4-6

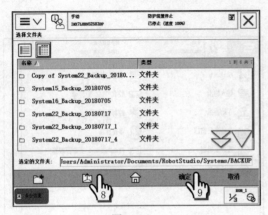

图　4-7

图　4-8

备份文件可以存储在机器人本地存储介质，也可以在示教器的 USB 接口或者控制柜的 USB 接口插入 U 盘，将备份文件存储到 U 盘上。

小贴士　为避免混淆，系统备份文件应使用可识别的文件名，使得其他使用者通过文件名便知道备份日期、备份原因等信息。

2. 自动备份机器人控制系统

ABB 公司为其工业机器人用户提供互联网服务，互联服务由状态监测与诊断、备份管理、远程访问、机器人评估和资产优化五项服务组成。用户通过 ABB 灵活的机器人安心服务协议，获得 ABB 公司的互联服务，服务协议可根据用户的工厂需求量身定制。

互联网服务中的备份管理服务，会为用户自动定期备份机器人系统，确保用户的工业机器人随时有备份文件可用。如想了解更多关于 ABB 机器人互联网服务的相关信息，可以访问 ABB 官方网站 https://new.abb.com/products/robotics/zh/service/connected-services 的技术支持板块。

3. 恢复机器人系统备份

恢复机器人系统备份的步骤是：1 单击 ABB 菜单—2 单击【备份与恢复】—3 单击【恢复系统…】—4 单击【…】—5 选择备份文件—6 单击【确定】—7 单击【恢复】—8 单击【是】，如图 4-9 ～图 4-15 所示。

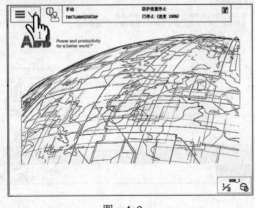

图　4-9

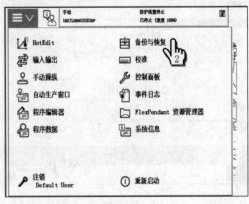

图　4-10

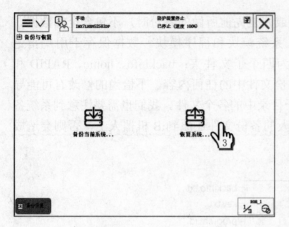

图　4-11

图　4-12

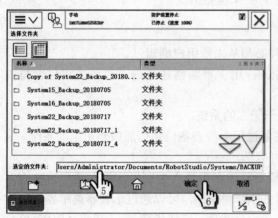

图　4-13

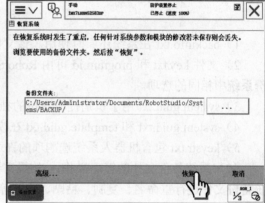

图　4-14

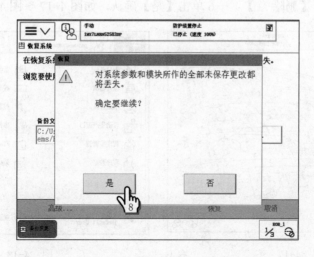

图　4-15

4. 备份文件的管理

（1）系统备份文件目录结构　创建备份或恢复先前所做的备份时，不包含全部数据。备份功能可保存上下文中的所有系统参数、系统模块和程序模块。数据保存于用户指定的文件夹中。如图 4-16 所示文件夹内又分为四个子文件夹：backinfo、home、RAPID 和 syspar。原则上不建议机器人用户修改系统备份文件中的任何内容，不恰当的修改有可能导致系统备份文件无法使用，尤其是 backinfo 子目录中的各个文件。我们也需要注意到系统备份文件是具有唯一性的，即不可以将 A 机器人的备份文件还原到 B 机器人上，否则会造成系统故障。

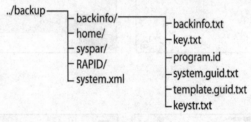

图　4-16

1）backinfo.txt 在系统还原时使用。该文件必须从未被用户编辑过。

2）文件 key.txt 和 program.id 可由 RobotStudio 用于重新创建系统，该系统将包含与备份系统中相同的选项。

3）system.guid.txt 用于识别提取备份的独一无二的系统。

4）system.guid.txt 和 template.guid.txt 在恢复过程中检查备份是否加载到正确的系统。

5）keystr.txt 包含机器人系统选购项的许可信息。

（2）系统备份文件的管理操作　如果需要对存储在机器人控制柜本地存储介质中的系统备份文件进行重命名、复制、粘贴、删除等文件管理操作，可以通过示教器菜单界面中的【FlexPendant 资源管理器】进行。以删除系统备份文件为例，操作步骤是：1 单击 ABB 菜单—2 单击【FlexPendant 资源管理器】—3 单击选择需要还原的系统备份文件—4 单击【菜单】—5 选择需要的操作（【删除 ...】）—6 单击【是】确认，如图 4-17～图 4-21 所示。

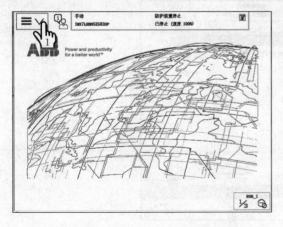

图　4-17

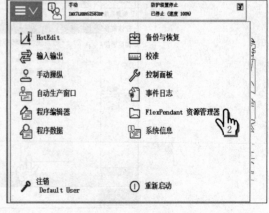

图　4-18

图　4-19

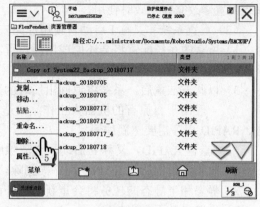

图　4-20

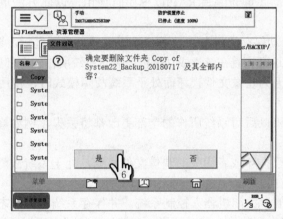

图　4-21

4.2　系统的重启类型与应用场景

对于 ABB 机器人控制系统，进行诸如配置 I/O、修改系统默认工作语言等操作，都会被要求重启控制系统。下面来谈一谈 ABB 机器人控制系统的重启类型与应用场景。

1. 需重新启动机器人系统的情况

1）安装了新的硬件。

2）更改了机器人系统配置文件。

3）添加并准备使用新系统。

4）出现系统故障（SYSFAIL）。

2. 重启类型与应用场景

（1）重启　又称热启动，重新启动并使用当前系统。

1）当前系统将停止运行。

2）所有系统参数和程序将保存到一个映像文件中。

3）重启过程中系统状态将得到恢复。静态和半静态任务将启动。程序可从停止点启动。

4）以此方法重启会激活所有的配置更改。热启动一般在更改系统配置文件后，需要让系统配置修改立即生效时使用。

（2）重置系统　又称 I 启动，使用原始安装设置重新启动。

1）所有的系统配置将会还原成出厂设置。

2）所有的 RAPID 程序将会删除。

3）以此方法重启，系统将返回出厂时的原始状态。

4）一般用于将原有的机器人工作站改造升级时用，新的机器人工作站系统需要重新配置、RAPID 程序需要重新编写。

（3）重置 RAPID　又称 P 启动，会清除所有的 RAPID 程序的重启。

1）控制器内的所有 RAPID 程序被删除。

2）静态和半静态的任务将会重新执行，而不是从系统停止时的状态执行。

3）系统参数不受影响。

4）一般用于需要彻底重新编写 RAPID 程序时使用，以此方法重启可以快速地删除所有的 RAPID 程序。

（4）恢复到上次自动保存的状态　又称 B 启动。重新启动之后，系统将使用上次成功关机的映像文件的备份。这意味着在该次成功关机之后对系统所作的全部更改都将丢失。

1）在控制器没有因为映像文件损坏而处于系统故障模式时，使用 B 启动与正常的热启动相同。

2）自上次成功关机以后对系统所作的全部更改都将丢失，例如修改过的位置或者对系统参数的更改。

3）一般用于系统已损坏或者丢失的映像文件启动，处于系统故障模式，并且在事件日志中显示错误消息时使用。

（5）关闭主计算机　关闭机器人控制系统，并保存系统当前状态到映像文件中。一般在希望存储当前系统状态到映像文件时使用。存储的系统状态可以通过 B 启动得到恢复。

3. 重启控制系统的操作步骤

重启控制系统的操作步骤是：1 单击 ABB 菜单—2 单击【重新启动】—3 单击【高级 ...】—4 选择需要的重启方式（比如【重置系统】）—5 单击【下一个】—6 单击【重置系统】，如图 4-22 ～图 4-26 所示。

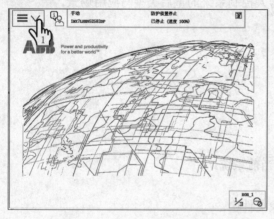

图 4-22

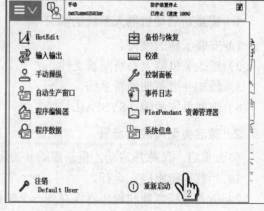

图 4-23

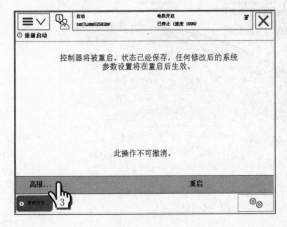
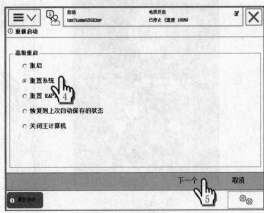

图　4-24　　　　　　　　　　　图　4-25

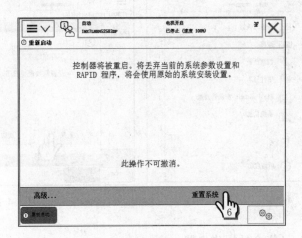

图　4-26

4.3　MoveAbsJ 指令

4.3.1　创建我的第一个 RAPID 程序

RAPID 程序是指用 ABB 机器人系统所使用的 RAPID 语言所编写的程序。RAPID 是一种英文编程语言，所包含的指令可以移动机器人、设置输出、读取输入，还能实现决策、重复其他指令、构造程序、与系统操作员交流等。RAPID 程序中包含了一连串控制机器人的指令，执行这些指令可以实现需要的操作。

1. 在示教器上创建一个 RAPID 程序的操作步骤

在示教器上创建 RAPID 程序的操作步骤是：1 切换到手动模式—2 单击 ABB 菜单—3 单击【程序编辑器】—4 单击【新建】，如图 4-27 ～图 4-30 所示。

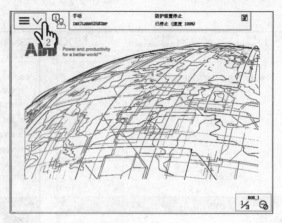

图 4-27   图 4-28

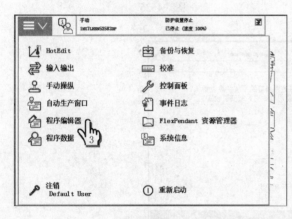

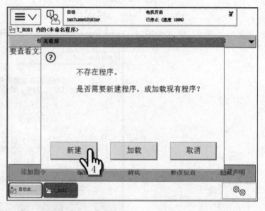

图 4-29   图 4-30

2. 添加 MoveAbsJ 指令的操作步骤

此时如图 4-31 所示，已创建了一个自动命名为 main 的 RAPID 程序，并处于程序编辑界面。当前的 main 程序中还没有任何指令，接下来在 main 程序中添加两条 MoveAbsJ 指令。

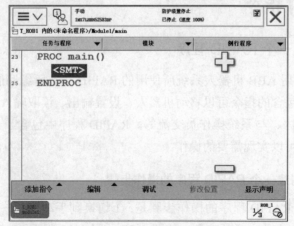

图 4-31

添加两条 MoveAbsJ 指令的操作步骤是：1 单击需要添加指令的行—2 单击【添加指令】—3 单击【MoveAbsJ】—4 手动操纵机器人 TCP 移动到新的位置—5 单击【添加指令】—6 单击【MoveAbsJ】—7 单击【下方】，如图 4-32 ~ 图 4-35 所示。

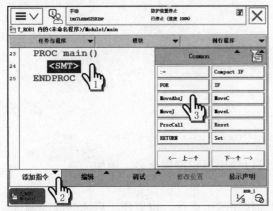

图 4-32

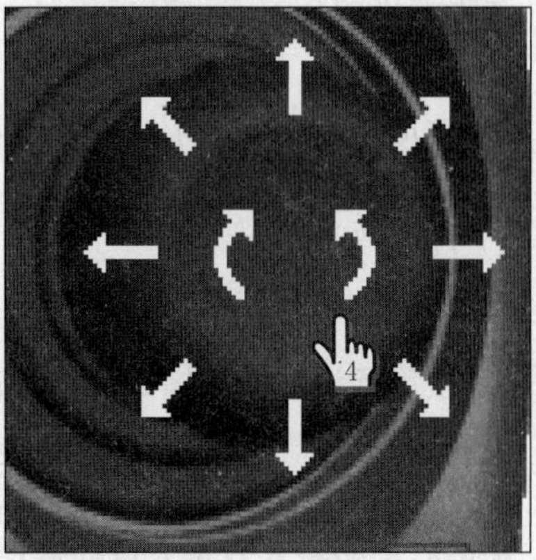

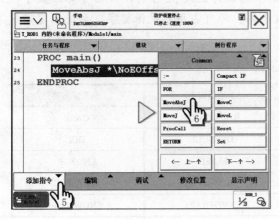

图 4-34

图 4-33

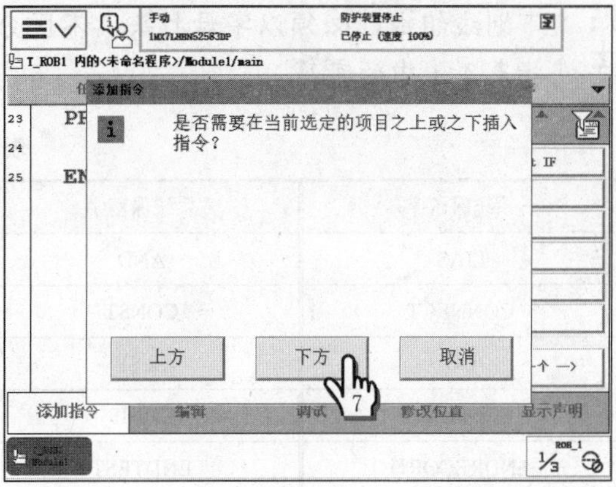

图 4-35

3. RAPID 程序解读

此时已经完成了第一个 RAPID 程序的创建编辑操作，接下来来解读一下这个 RAPID 程序。该程序的各部分组成如图 4-36 所示。

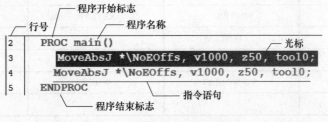

图 4-36

MoveAbsJ 移动机械臂至绝对关节位置指令：机器人各轴沿非线性路径运动至目的位置，运动过程中各轴同时运动，所有轴均同时达到目的位置。该程序所实现的功能是机器人由当前位置先以绝对关节运动方式移动到第一个目标点，再以绝对关节运动方式移动到第二个目标点。

MoveAbsJ 移动机械臂至绝对关节位置指令格式如下：

MoveAbsJ ToJointPos , Speed, Zone, Tool ;

各指令说明如下：

1）MoveAbsJ 为指令代码。

2）ToJointPos 为运动目标点，存储一个位置数据。

3）Speed 为移动速度。

4）Zone 为转弯半径。

5）Tool 为工具编号。

4. 使用标识符命名指令目标位置

运动指令目标点位除可以用 * 表示，也可以使用标识符来命名，例如：

MoveAbsJ jpos10, v1000, z50, tool0;

使用标识符来命名指令目标位置，可增强程序的可读性，也更便于后续的修改调试。

小贴士　　RAPID 语言中标识符用于为对象命名。标识符最大 32 字符，可由字母、数字、下划线组成，必须以字母打头，不区分大小写，不可占用系统保留字。系统保留字是指表 4-1 中的字符。

表　4-1

系统保留字	系统保留字	系统保留字	系统保留字
LIAS	AND	BACKWARD	CASE
CONNECT	CONST	DEFAULT	DIV
DO	ELSE	ELSEIF	ENDFOR
ENDFUNC	ENDIF	ENDMODULE	ENDPROC
ENDRECORD	ENDTEST	ENDTRAP	ENDWHILE
ERROR	EXIT	FALSE	FOR
FROM	FUNC	GOTO	IF
INOUT	LOCAL	MOD	MODULE
NOSTEPIN	NOT	NOVIEW	OR
PERS	PROC	RAISE	READONLY
RECORD	RETRY	RETURN	STEP
SYSMODULE	TEST	THEN	TO
TRAP	TRUE	TRYNEXT	UNDO
VAR	VIEWONLY	WHILE	WITH
XOR			

使用标识符命名指令目标位置的操作步骤如下：1 双击【*】—2 单击【新建】—3 单击"名称："后的【…】—4 输入名称—5 单击【确定】—6 单击【确定】—7 单击【确定】，如图 4-37～图 4-42 所示。

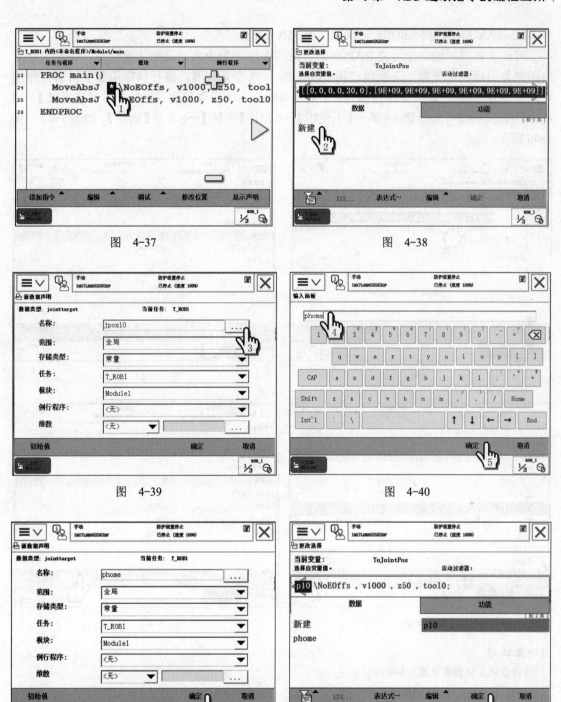

图　4-37

图　4-38

图　4-39

图　4-40

图　4-41

图　4-42

5. 可选变量的启用与停用

MoveAbsJ 还有可选参变量供选用，以下指令语句就是 MoveAbsJ 指令选用了相关可选参变量时的样式：

MoveAbsJ jpos10\NoEOffs, v1000\T:=5, z50, tool0;

可选变量的用途在学习完 RAPID 语言的四类运动指令之后再给大家介绍，先学习如何启用和停用可选参变量。下面以停用 \NoEOffs 可选变量为例，进行操作步骤的讲解。停用可选参变量 \NoEOffs 的操作步骤是：1 双击 MoveAbsJ 指令代码—2 单击【可选变量】—3 选中【\NoEOffs】可选变量—4 单击【不使用】—5 单击【关闭】—6 单击【确定】，如图 4-43 ～图 4-46 所示。

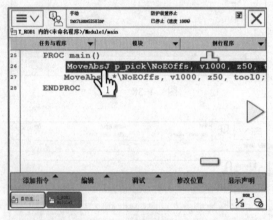

图 4-43 图 4-44

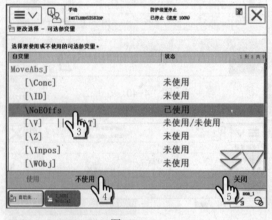
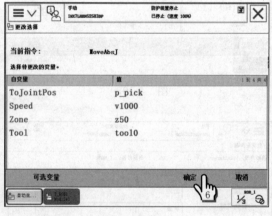

图 4-45 图 4-46

课堂练习

请尝试在示教器中录入如下指令语句：

MoveAbsJ jp_home, v1000, z50, tool0;

MoveAbsJ\Conc, p_pick\NoEOffs, v1500\T:=5, fine, tool0;

MoveAbsJ jpos10\NoEOffs, speed1, z12, tool0;

4.3.2 两种工作模式下的程序运行

程序已经编写完成，接下来就应该运行程序了。在介绍控制柜面板时，我们已经知道机器人有手动模式和自动模式两种工作模式。在讲解如何在这两种工作模式下运行程序之前，先了解另外两个术语：

执行方式：1）单步执行——每按一次步进键，执行一条指令语句。

2）连续执行——按运行键后，程序中的指令语句自动依次执行。

循环模式：1）单周循环——程序由开始标志处执行至结束标志处后，停止执行。

2）连续循环——程序执行到结束标志处后，再次从程序开始标志处执行。

1. 手动模式下单步执行程序的操作步骤

手动模式下单步执行程序的操作步骤是：1 单击【调试】—2 单击【PP 移至例行程序】—3 选择需要单步执行的程序—4 单击【确定】—5 将光标指向需要单步执行的指令语句—6 单击【PP 移至光标】—7 按住使能键—8 按下步进键，如图 4-47～图 4-50 所示。

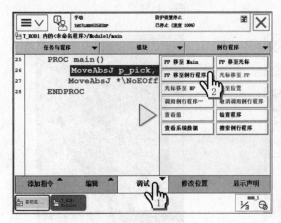

图　4-47　　　　　　　　　　　　　　　　图　4-48

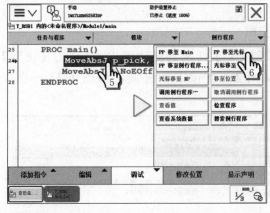

图　4-49

图　4-50

2. 手动模式下连续执行程序的步骤

手动模式下连续执行程序的步骤是：1 单击【调试】—2 单击【PP 移至例行程序】—3 选择需要连续执行的程序—4 单击【确定】—5 将光标指向需要连续执行的第一条指令语句—6 单击【PP 移至光标】—7 按住使能键—8 按下运行键，如图 4-51～图 4-54 所示。

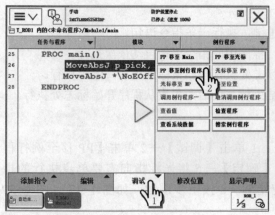

图 4-51

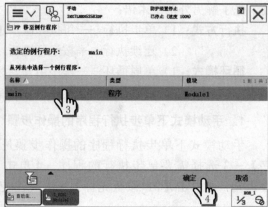

图 4-52

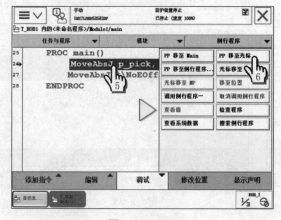

图 4-53

图 4-54

3. 自动模式下的单步执行程序的操作步骤

自动模式下的单步执行程序的操作步骤是：1 切换到自动模式—2 单击【确定】—3 按下 Motor On 键—4 单击【PP 移至 Main】—5 按下步进键，如图 4-55 ～ 图 4-58 所示。

图 4-55

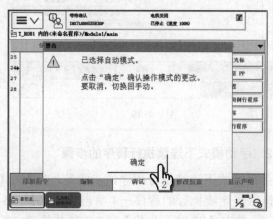

图 4-56

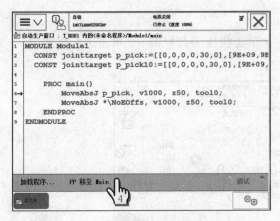

图 4-57

图 4-58

4. 自动模式下的连续执行程序的操作步骤

自动模式下的连续执行程序的操作步骤如下：1 切换到自动模式—2 单击【确定】—3 按下 Motor On 键—4 单击【PP 移至 Main】—5 按下运行键，如图 4-59 ～图 4-62 所示。

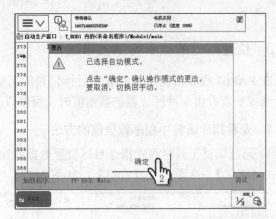

图 4-59

图 4-60

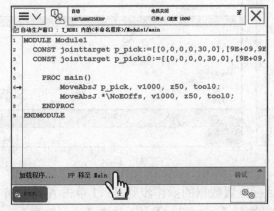

图 4-61

图 4-62

5. 切换循环模式的操作步骤

切换程序执行循环模式的操作步骤是：1 单击快捷工具栏键—2 单击运行模式键—3 选择运行模式，如图 4-63 所示。

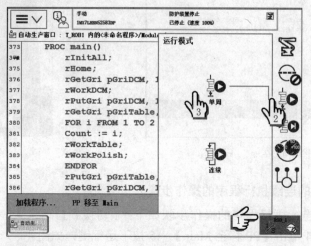

图　4-63

4.3.3　位置数据的查看与示教修改

在 RAPID 程序语句中只能看到目标位置的名称，而无法查看到指令目标位置的实际数据。当需要查看指令目标位置的数据值时，可按以下两种方法查看。

1. 查看指令语句中程序数据值的方法

1）通过调试工具栏查看指令目标位置数据的操作步骤是：1 将光标选中指令目标点位—2 单击【调试】—3 单击【查看值】，如图 4-64、图 4-65 所示。

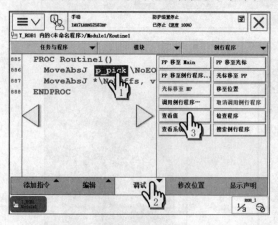

图　4-64　　　　　　　　　　　图　4-65

2）通过程序数据界面查看运动指令目标位置数据的操作步骤是：1 单击 ABB 菜单—2 单击【程序数据】—3 选择需要显示的数据类型【jointtarget】—4 单击【显示数据】—5 双击需要查看的目标点位标识符，如图 4-66～图 4-69 所示。

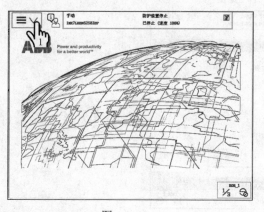

图　4-66

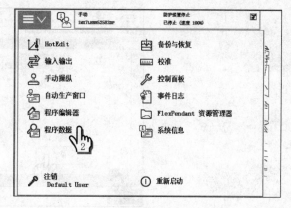

图　4-67

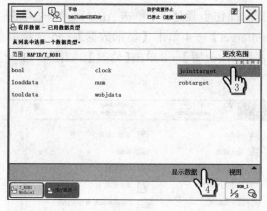

图　4-68

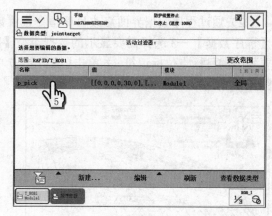

图　4-69

2. 修改指令目标点位的两种操作方法

1）通过修改位置工具来修改指令目标点位的操作步骤是：1 将机器人移动到新的目标位置—2 选中指令目标点位—3 单击【修改位置】—4 单击【修改】，如图 4-70 ～图 4-72 所示。

图　4-70

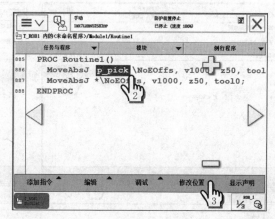

图　4-71

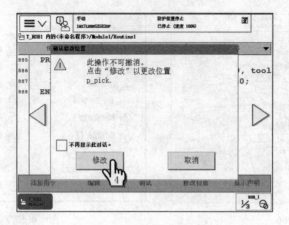

图 4-72

2）通过程序数据界面修改目标指令位置数据的操作步骤是：1 单击 ABB 菜单—2 单击
【程序数据】—3 选择需要显示的数据类型【jointtarget】—4 单击【显示数据】—5 选择需
要修改的目标点位标识符—6 单击【编辑】—7 单击【修改位置】—8 单击【修改】，如图 4-73～
图 4-77 所示。

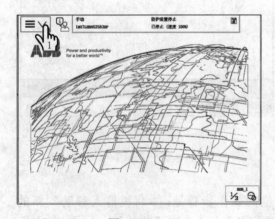

图 4-73

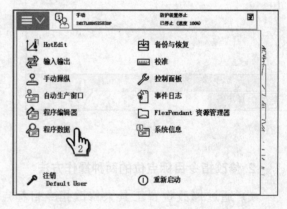

图 4-74

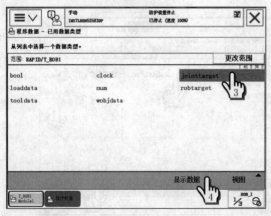

图 4-75

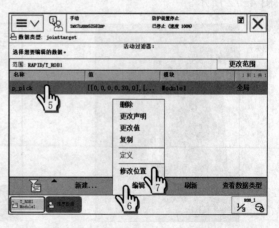

图 4-76

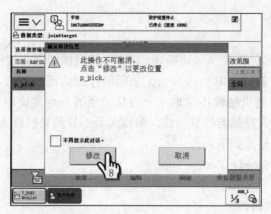

图 4-77

4.3.4 运动至程序指令目标位置的两种方式

1. 单步执行对应的运动指令实现

单步执行运动指令的操作方法在 4.3.2 节介绍过，在此不再赘述。

2. 通过调试工具实现

通过调试工具实现到达运动指令目标位置操作步骤是：1 选中指令目标点位—2 单击【调试】—3 单击【移至位置】—4 按住使能键—5 按住【转到】直至机器人移动到目标点位，如图 4-78 ～图 4-80 所示。

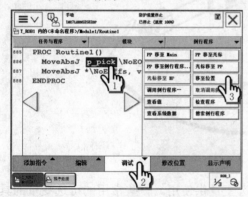

图 4-78

图 4-79

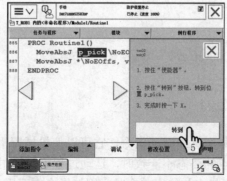

图 4-80

4.4 MoveJ 指令

MoveJ 指令，中文名称作关节运动指令，它可以使机械臂沿非线性路径运动至目标位置。到达目标位置时，所有轴均同时到达。当无须精确控制运动轨迹时，使用 MoveJ 指令可比使用其他指令更迅速地将机械臂迅速地从一点移动至另一点。使用 MoveJ 指令编程时，点到点之间的轨迹由机器人控制器计算生成，编程人员不易预见机器人的运动轨迹。

MoveJ 指令的指令格式如下：

MoveJ ToPoint，Speed，Zone，Tool；

各参数含义如下：

1）MoveJ 为指令代码。

2）ToPoint 为运动目标点，可存储一个位置数据。

3）Speed 为移动速度。

4）Zone 为转弯半径。

5）Tool 为工具编号。

例：MoveJ p1, vmax, z30, tool2;，其含义为将工具的工具中心点 tool2 沿非线性路径移动至位置 p1，其速度数据为用户预定义的 speeddata 型数据 vmax，且转角半径数据为 z30。

关节运动指令的运动轨迹示意如图 4-81 所示。

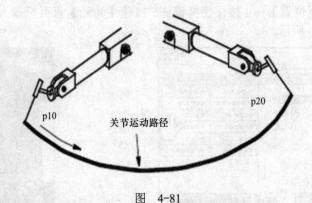

p10

关节运动路径

p20

图　4-81

MoveJ 指令与其他运动指令一样，有可选变量供使用。一些常用的可选变量的具体功能将在后续章节予以介绍，可选变量的启用与停用操作步骤请参考 "4.3.1 创建我的第一个 RAPID 程序" 这一章节。

☑ 课堂练习

请对比 MoveAbsJ 指令与 MoveL 指令，写出两条指令的异同点。

4.5 MoveL 指令

MoveL 指令，中文名称作直线运动指令，它可以使机械臂沿着直线轨迹运动。当 TCP 在轨迹的起点与 TCP 在终点的姿态不一致时，运动过程中 TCP 由起点姿态均匀向终点姿态过渡。TCP 保持固定时，即起点与终点重合时，则该指令亦可用于调整工具姿态。

MoveL 指令的指令格式如下：

MoveL　ToPoint，Speed，Zone，Tool；

各参数含义如下：

1）MoveL 为指令代码。

2）ToPoint 为运动目标点，可存储一个位置数据。

3）Speed 为移动速度。

4）Zone 为转弯半径。

5）Tool 为工具编号。

例：MoveL p5, v2000, fine, grip3;，其含义为工具 grip3 的 TCP 沿直线运动至目标点 p5，运动速度为系统预定义的 speeddata 数据 v2000，不使用转弯半径过渡，精确到达目标点。

直线运动指令的运动轨迹示意如图 4-82 所示。

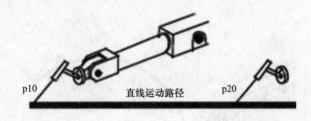

p10　　直线运动路径　　p20

图　4-82

无论哪一品牌的工业机器人，可使用的运动指令都是有限的，一般只有 3 ～ 6 条运动指令可以使用。当遇到复杂的运动轨迹时，若没有现成的轨迹运动指令可用，可以将复杂的运动轨迹切割成多段小直线轨迹，切割的段数越多，对复杂轨迹的再现也就越精确。

MoveL 指令与其他运动指令一样，有可选变量供使用。一些常用的可选变量的具体功能将在后续章节予以介绍，可选变量的启用与停用操作步骤请参考"4.3.1 创建我的第一个 RAPID 程序"这一章节。

课堂练习

请查阅资料，弄明白 v2000 这个系统预定义的速度数据包含哪些分量，各分量的值是多少？

4.6　MoveC 指令

MoveC 指令，中文名称作圆弧运动指令，它可通过已知的三点确定一段圆弧轨迹。已知三点是指：圆弧的起点、圆弧上的点、圆弧的终点。圆弧的起点是前一条运动指令的停止点，圆弧上的点和圆弧的终点由圆弧运动指令来指定。如果圆弧起点和圆弧终点的 TCP 姿态相同，则在圆弧运动期间，TCP 姿态保持不变。如果圆弧起点和圆弧终点的 TCP 姿态不同，那么在执行圆弧指令期间，沿路径调整姿态的准确性仅取决于圆弧起点和圆弧终点处的姿态，运动过程中姿态的调整与圆弧上的点的姿态无关。

MoveC 指令的指令格式如下：

MoveC　CirPoint，ToPoint，Speed，Zone，Tool；

各参数含义如下:

1) MoveC 为指令代码。

2) CirPoint 为圆弧上的点,可存储一个 robtarget 型数据。

3) ToPoint 为圆弧终点,可存储一个 robtarget 型数据。

4) Speed 为移动速度。

5) Zone 为转弯半径。

6) Tool 为工具编号。

例:MoveC p30, p40, v500, z30, tool2;,其含义为工具 tool2 的 TCP 沿圆弧移动至位置 p40,其速度数据为 v500 且转弯半径区域数据为 z30。根据起始位置、圆周点 p30 和目的点 p40,确定该圆弧。

圆弧运动指令的运动轨迹示意如图 4-83 所示。

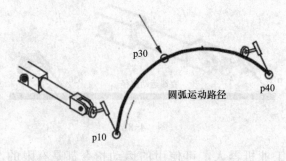

图 4-83

课堂练习

对于由相同三个点确定的圆弧运动轨迹,使用不同的转弯半径区域数据,观察 TCP 的轨迹有何不同。

在 MoveC 指令中 Cirpoint 与 Topoint 间存在一些位置限制关系,如图 4-84 所示。

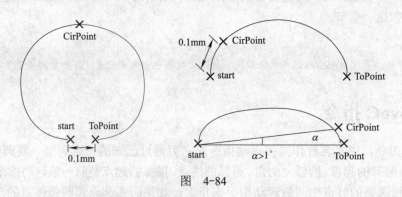

图 4-84

1) 起点与 ToPoint 之间的最小距离为 0.1mm。

2) 起点与 CirPoint 之间的最小距离为 0.1mm。

3) 起点的 CirPoint 与 ToPoint 之间的最小角度为 1°。

MoveC 指令与其他运动指令一样,有可选变量供使用。接下来对运动指令中常用的可选变量的功能进行说明:

（1）[\NoEOffs]　MoveAbsJ 指令独有的可选变量，数据类型为 switch。启用该可选变量时，MoveAbsJ 的运动将不受外轴有效偏移量的影响。如果机器人未配置外轴，是否启用该变量则没有区别。在程序中添加 MoveAbsJ 指令时，系统默认启用 [\NoEOffs] 可选变量。

（2）[\V]　该可选变量用于规定指令中 TCP 的速率，以 mm/s 计。[\V] 后面的值将取代速度数据中指定的速度数据。以下是启用了 [\V] 可选变量的运动指令：

MoveJ p10, v200, fine, Tool0;

MoveL p20, v200, fine, Tool0;

MoveL p30, v200\V:=40, fine, Tool0;

MoveL p40, v200\V:=1000, fine, Tool0;

MoveJ p10, v200\V:=1000, fine, Tool0;

大家可以在机器人上运行以上指令，以验证 [\V] 可选变量所带来的变化。

（3）[\T]　该可选变量用于规定完成运动指令所定义的轨迹所需的时间，数据类型为 num。启用该可选变量时原指令中的 speeddata 数据将失去作用，完成运动轨迹所需的时间由 [\T] 后面的值决定，单位为 s。[\T] 可选变量与 [\V] 可选变量不可同时启用。以下是启用了 [\T] 可选变量的运动指令：

MoveJ p10, v200, fine, MyTool;

MoveL p20, v200\T:=10, fine, MyTool;

MoveL p30, v200\T:=20, fine, MyTool;

MoveL p40, v200\T:=5, fine, MyTool;

MoveJ p10, v200\T:=5, fine, MyTool;

大家可以在机器人上运行以上指令，以验证 [\T] 可选变量所带来的变化。

（4）[\WObj]　该可选变量用于规定运动指令与机器人位置关联的工件坐标系。如果未启用该可选变量，运动指令中目标的坐标值是世界坐标系下的坐标值。以下是启用了 [\WObj] 可选变量的运动指令：

MoveJ p10, v200, fine, tool0;

MoveJ p10, v200, fine, tool0\WObj:=wobj1;

大家可以在机器人上运行以上指令，以验证 [\WObj] 可选变量所带来的变化。对于以上指令，成功对比出启用 [\WObj] 所带来的变化的前提是，已经创建了与世界坐标系不一致的工件坐标系 wobj1。

4.7　RobotStudio 软件模型创建与特征点捕捉

在第 3 章中已经学习了如何在 RobotStudio 软件中创建一个简单的工作站以及如何对虚拟工作站中的机器人进行手动操纵。本节将学习如何在 RobotStudio 软件中创建简单的几何模型，以及如何对模型的特征点进行捕捉。

1. 在 RobotStudio 软件中创建简单几何模型

RobotStudio 软件具备创建简单 3D 模型的功能，可以用简单的 3D 模型对机器人工作站中的周边设备进行布局模拟。如果需要对周边设备进行精细模拟，则需要通过 SoildWorks、

Pro/E 等第三方 3D 设计软件对周边设备进行建模，然后以 *.sat 格式导入 RobotStudio 中。

RobotStudio 中能够创建的简单 3D 几何模型包括矩形体、圆锥体、圆柱体、球体、锥体等。下面以在大地坐标系下创建一个模型原点位于（0，300，0）、底面半径为 100mm、高度为 200mm 的圆柱体为例，演示如何在 RobotStudio 中创建简单几何模型。操作步骤如下：

1 单击【建模】选项卡—2 单击【固体】—3 单击【圆柱体】—4 输入基座中心点坐标值 X、Y、Z—5 输入底面半径—6 输入高度—7 单击【创建】，如图 4-85、图 4-86 所示。

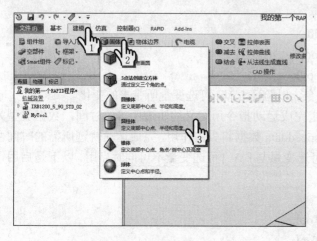

图　4-85

图　4-86

图 4-86 中"基座中心点"指示出圆柱体的原点位于底面中心位置，下面的三个输入框分别是用于设定模型原点位于所选参考坐标系中的 X、Y、Z 坐标值。"方向（deg）"下的三个输入框是用于设定模型绕参考坐标系 X、Y、Z 轴旋转的角度。"半径""直径""高度"下的输入框用于设定模型的对应尺寸参数。创建其他形状的几何模型的方法与创建圆柱体的操作步骤相似，不再赘述。

2. 捕捉简单几何模型的特征点

通过特征点捕捉功能，可以快速地将机器人的 TCP 移动到几何模型的特征点上。可以捕捉的特征点类型包括末端、中点、中心、边沿上的点、本地原点等。表 4-2 为各类特征点的图形符号。

表　4-2

图 形 符 号	描　　述
⊙	捕捉圆心
↘	捕捉中点
◗	捕捉末端
◞	捕捉边缘
∟	捕捉本地原点

　　下面以将机器人的 TCP 快速移动至圆柱体的顶面圆心为例，演示如何利用特征点捕捉功能快速地将机器人 TCP 移动至模型的特征点。操作步骤如下：

　　1 单击【基本】选项卡—2 选择正确的工具—3 单击机器人本体—4 单击手动线性图标—5 单击捕捉圆心—6 将鼠标指针移至 TCP 上显示红绿蓝箭头交点处，拖动鼠标，将 TCP 往圆柱体顶面圆心方向拖动，当 TCP 靠近圆心时，TCP 将自动跳向圆心，如图 4-87～图 4-89。

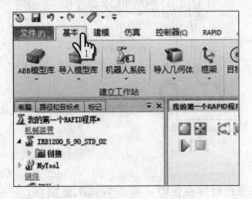

图　4-87

图　4-88

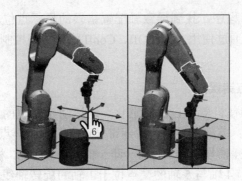

图　4-89

课堂练习

　　在 RobotStudio 虚拟工作站中创建一个圆柱体和一个矩形体，然后运用运动指令编程，使得机器人 TCP 精确地沿两个模型顶面的轮廓运动。

4.8　靠近奇异点与轴配置错误的处理办法

　　在使用执行运动指令的过程中，有时会发生轴配置错误和太靠近奇异点的报警，本节将介绍这两种错误产生的原因和处理方法。

1.　什么是轴配置错误

　　对于直角坐标系空间中的一个点，机器人可能存在多种 6 个轴的角度组合方案，使得 TCP 以同样的姿态到达直角坐标系空间中的点。将一个可能的各轴角度组合方案称为一个轴配置。图 4-90 为机器人各轴以不同的角度组合使 TCP 以相同姿态移动到直角坐标系空间中同一个点的例子。

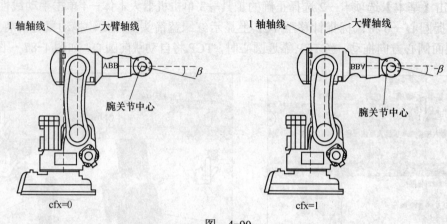

图　4-90

当机器人无法按照指令中指定的轴配置方案移动到目标点位时，即称为轴配置错误。

2. 轴配置错误的解决方法

以手动模式逐步运行程序，找到导致轴配置错误的目标点位，并修改故障点重新对其分配轴配置方案。也可以通过使用 ConfJ\Off、ConfL\Off 关闭控制系统对于轴配置的监控，避免轴配置错误的触发。

3. 什么是靠近奇异点错误

机器人的奇异点是指使机器人自由度退化、逆运动学无解的空间位置。对于 6 轴串联关节机器人有三种奇异点：腕部奇异点、肩部奇异点、肘部奇异点。

（1）腕部奇异点　当 4 轴与 6 轴平行时（即 5 轴处于 0 时），机器人即处于腕部奇异点。

（2）肩部奇异点　当 4 轴与 5 轴的交点位于 1 轴的旋转轴线上时，机器人即处于肩部奇异点。

（3）肘部奇异点　当 2 轴与 3 轴的轴线处于同一直线上时，机器人即处于肘部奇异点。

当机器人位于奇异点时，将导致控制器无法随意控制机器人朝想要的方向运动、某些关节角速度趋近于失控等危险的情况发生。所以当机器人接近于奇异点时，机器人控制器会强行终止机器人的线性运动并触发错误报警。

4. 靠近奇异点的解决方法

手动模式下逐步运行程序，找到导致报警的运动指令，修改其目标点坐标值或修改其目标点的姿态从而改变机器人路径，使之远离奇异点。或使用 SingArea \Wrist 指令，使机器人在接近奇异点时允许轻微改变 TCP 姿态，以绕过奇异点。

4.9　RAPID 程序结构与程序数据类型

RAPID 程序的结构体系如图 4-91 所示。

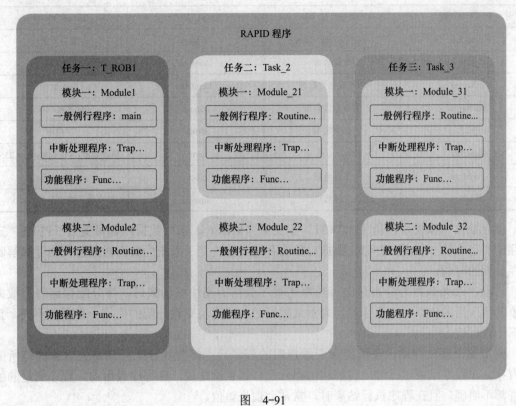

图　4-91

一个 RAPID 程序可以由图 4-91 所示结构成分构成，但并不必须包含图 4-91 所示结构全部成分。一个结构成分最简单的 RAPID 程序仅包含一个任务，任务中仅包含一个模块，模块中仅包含一个名为 main 的例行程序。各程序结构成分均不可重名，一般例行程序 main 是每个 RAPID 程序必不可缺的成分，因为 main 是 RAPID 程序自动运行时的入口。

程序数据是 RAPID 程序的最基本构成要素，RAPID 编程语言中预定义有七十多种程序数据，用于描述不同的对象。如：

MoveAbsJ　jpos10, v1000, z50, tool0;

在上面这条指令语句中就含有四种数据类型，它们分别是：

（1）jpos10　jointtarget 关节位置数据，用于确定 MoveAbsJ 指令的目标点位置。

（2）v1000　speeddata 速度数据，定义以下速率：工具 TCP 移动时的速率，工具的重新定位速度，线性或旋转外轴移动时的速率。当结合多种不同类型的移动时，其中一个速率常常限制所有运动，将减小其他运动的速率，以便所有运动同时停止执行。

（3）z50　zonedata 转弯半径数据，用于规定机械臂对于运动指令目标点的精确接近程度，即在朝下一个位置移动之前，轴必须如何接近运动指令的目标点位置。

（4）tool0　tooldata 工具数据，用于描述工具的特征，包括工具中心点（TCP）的位置和姿态，以及工具负载的质量和重心等物理特征。

表 4-3 列举了一些使用频率比较高的数据类型。

表 4-3

数 据 类 型	描 述 说 明	数 据 类 型	描 述 说 明
bool	布尔量，true/false	orient	姿态数据
num	数值数据	loaddata	负载数据
robtarget	机器人位置数据	trapdata	中断数据
jointtarget	关节位置数据	intnum	中断标识符
speeddata	速度数据	string	字符串
zonedata	转弯半径数据	byte	整数数据，8 位长度，0～255
tooldata	工具数据	clock	时钟数据
wobjdata	工件数据	dionum	数字输入输出信号值，0/1

程序数据可以使用常量（CONST）、变量（VAR）、永久数据或称可变量（PERS）三种存储类型中的一种进行存储。数据对象的存储类型决定了系统为数据对象分配内存和解除内存分配的时间。

常量、永久数据为静态存储，当声明程序数据的模块被加载后，将分配存储静态数据对象的值所需的内存。这意味着，为永久数据对象或模块变量分配的值将一直保持不变，直至下一次赋值。

变量属于易失存储，在调用含变量声明的程序后，将首次分配存储易失对象的值所需的内存。在程序结束运行时，将解除内存分配。这也就是说，在程序调用前，程序变量的值一直都不明确，且在程序执行结束时，常常会遗失该值。

常量在声明时需要对其赋值。常量声明之后不能在程序中通过赋值指令对其进行修改，只能在程序数据界面对其值进行手动修改。变量和永久数据在程序中可以使用赋值指令改变数据的值。

下面以创建一个名为 Counter 的全局 num 型变量数据为例，演示如何在程序数据界面创建指定数据类型、存储方式的数据。操作步骤如下：1 单击 ABB 菜单—2 单击【程序数据】—3 单击【num】—4 单击【显示数据】—5 单击【新建…】—6 确定数据名称、范围、存储类型、所属任务、所属模块等参数—7 单击【确定】，如图 4-92 ～图 4-95 所示。

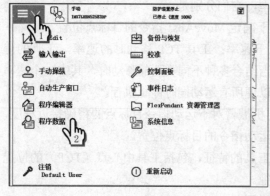

图 4-92

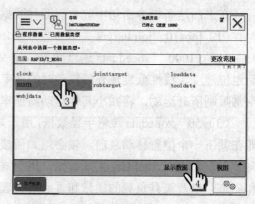

图 4-93

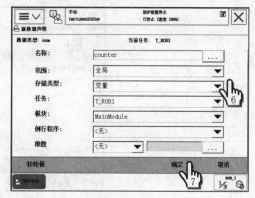

图　4-94　　　　　　　　　　　　　图　4-95

4.10　RAPID 程序的备份与加载

为了避免程序丢失，可以对机器人控制系统进行备份。除此之外，还可以对 RAPID 程序进行单独备份。在需要的时候，也可以对 RAPID 程序的一个模块进行备份，比如将 A 机器人的 RAPID 程序复制到 B 机器人上，此时就无法通过备份控制系统和备份 RAPID 程序来实现，但却可以通过备份程序模块的方法来实现。

备份 RAPID 程序文件的操作步骤是：1 单击 ABB 菜单—2 单击【程序编辑器】—3 单击【任务与程序】—4 单击【文件】—5 单击【另存程序为 ...】—6 确定备份程序的存放路径—7 输入备份程序的保存名称—8 单击【确定】，如图 4-96 ～图 4-100 所示。

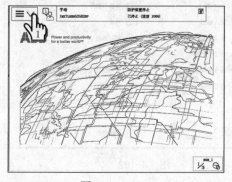

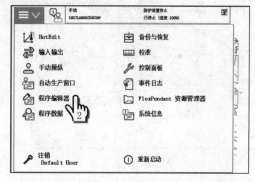

图　4-96　　　　　　　　　　　　　图　4-97

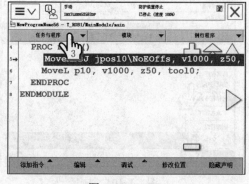

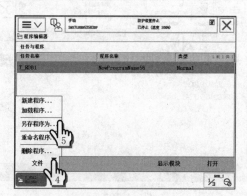

图　4-98　　　　　　　　　　　　　图　4-99

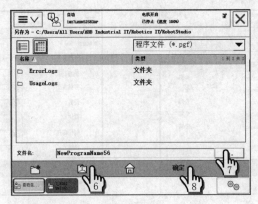

图 4-100

加载程序操作步骤是：1单击 ABB 菜单—2单击【程序编辑器】—3单击【任务与程序】—4单击【文件】—5单击【加载程序 ...】—6选择是否保存当前 RAPID 程序—7选择需要加载的 RAPID 程序文件—8单击【确定】，如图 4-101～图 4-106 所示。

备份（加载）程序模块的操作步骤与备份（加载）RAPID 程序的操作步骤基本相同，区别仅在于第三步由单击【任务与程序】变为单击【模块】。不再赘述具体的操作步骤，由读者自行操作验证。

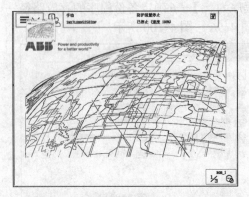

图 4-101

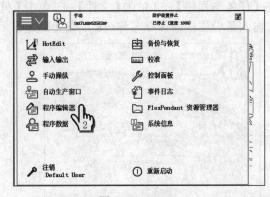

图 4-102

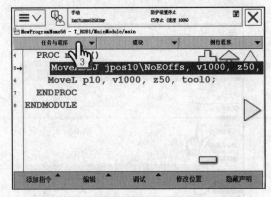

图 4-103

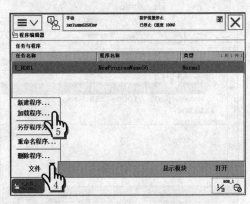

图 4-104

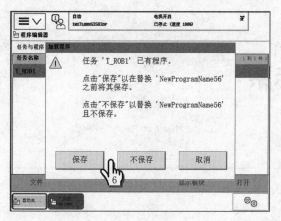

图 4-105

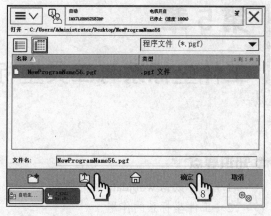

图 4-106

课后练习题

1. 现有指令语句 MoveL p10, v1000\V:=400, fine, tool0;，执行该语句时 TCP 的移动速率是_____mm/s 。

2. 串联关节六轴机器人的奇异点有三类，分别是_____、_____和腕部奇异点。

3. 在以下示教器界面中，（　　）可以查看到机器人 TCP 当前所处位置的坐标值。

　　A. 程序数据　　　　B. 手动操作　　　　C. 程序编辑器　　　　D. 控制面板

4. 以下选项中，（　　）启动方法能够将 ABB 机器人控制器恢复出厂设置。

　　A. 热启动　　　　　B. I 启动　　　　　C. P 启动　　　　　D. B 启动

5. 以下选项中，（　　）是每一个 RAPID 程序必须包含的。

　　A. 中断程序　　　　B. 功能函数　　　　C. main 程序　　　　D. 运动指令

6. "ABB 机器人控制器的系统备份文件，可以恢复到 ABB 相同型号的其他台机器人控制器中，以达到系统复制的目的。"请问以上说法对吗，为什么？

7. 请在示教器中录入如下例行程序：

```
PROC R_GOHOME()
        MoveAbsJ jP10\NoEOffs, v200, z20, tool0;
        MoveJ p20, v1000\V:=520, fine, tool0;
        MoveC p30, p40, v1000, fine, tool0;
        MoveL p50, v1000\T:=10, fine, tool0;
ENDPROC
```

第 5 章
工件坐标系与工具坐标系

⊃ 知识要点

1. 工件数据 wobjdata 的分量组成
2. 工件坐标系的作用
3. 工具数据 tooldata 的分量组成
4. 工具坐标系的作用

⊃ 技能目标

1. 掌握直接输入法定义工件坐标系
2. 掌握用户三点法定义工件坐标系
3. 掌握直接输入法定义工具坐标系
4. 掌握多点法定义工具坐标系

5.1 工件坐标系与 Wobjdata 数据

Wobjdata 是英文词汇 Work object data 的缩写，它的中文名是工件数据。它是一种用于描述拥有特定附加属性的坐标系的复合数据类型。当需要创建一个工件坐标系时，即是通过创建并定义一个 wobjdata 数据来实现的。

5.1.1 Wobjdata 数据的创建与定义

本小节将介绍如何创建和定义一个 wobjdata 数据，以创建一个自己预期的工件坐标系。下面以创建一个名为 Table 的工件数据来定义图 5-1 所示的工件坐标系为例，演示如何通过创建工件数据来定义工件坐标系。

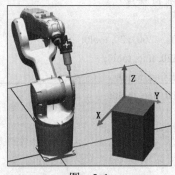

图 5-1

创建工件坐标系的操作步骤是: 1 单击 ABB 菜单—2 单击【手动操纵】—3 单击【工件坐标】—4 单击【新建 …】—5 输入名称 "Table"—6 单击【确定】—7 选中新建的工件坐标 "Table"—8 单击【编辑】—9 单击【定义 …】—10 选择【用户方法】: 为【3 点】—11 将机器人 TCP 移动至欲建立的工件坐标系原点位置—12 单击【用户点 X1】—13 单击【修改位置】—14 将机器人 TCP 移动至欲建立的工件坐标系 X 轴正方向上的点—15 单击【用户点 X2】—16 单击【修改位置】—17 将机器人 TCP 移动至欲建立的工件坐标系 Y 轴正方向上的点—18 单击【用户点 Y1】—19 单击【修改位置】—20 单击【确定】—21 单击【确定】，如图 5-2 ～图 5-15 所示。

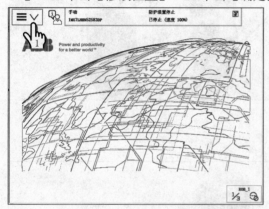

图　5-2

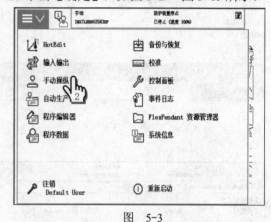

图　5-3

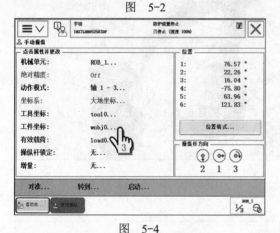

图　5-4

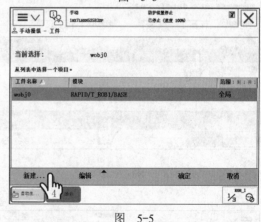

图　5-5

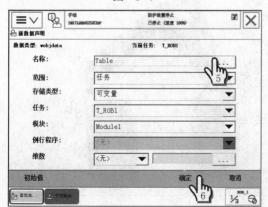

图　5-6

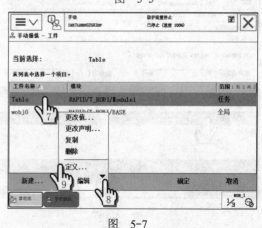

图　5-7

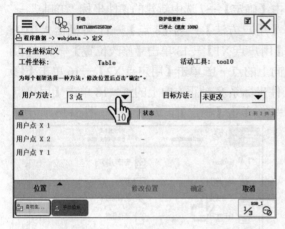

图 5-8

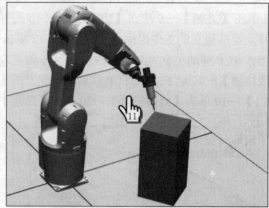

图 5-9

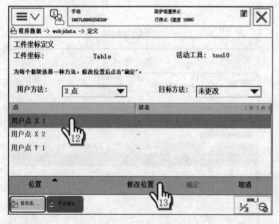

图 5-10

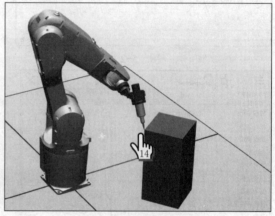

图 5-11

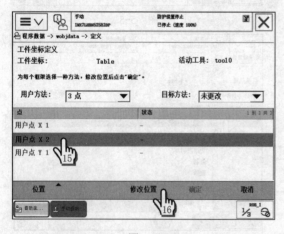

图 5-12

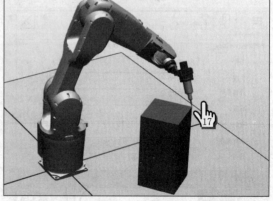

图 5-13

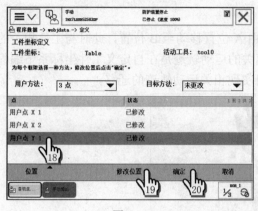

图 5-14

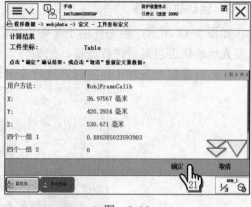

图 5-15

请回想一下前面章节所学习的右手法则，思考在本演示案例中所创件的工件坐标系的 Z 轴正方向是在哪个方向。除用户三点法外，还可以用目标三点法和直接输入法创建工件坐标系，请读者自行尝试练习。

5.1.2 Wobjdata 的用途

自定义工件坐标系的用途有三：首先是创建工件坐标系能否方便工件的直线边沿做手动 JOG 控制操纵；其次是用自定义的工件坐标系编程，当需要改变工件位置时，可以快速地迁移与该工件相关的机器人运动轨迹；再者是可以对工件相关的机器人运动轨迹做坐标系偏移补偿。接下来对以上三个创建工件坐标系的用途，分别进行举例介绍。

1. 便于 JOG 操作

如图 5-16 所示，工件的边沿不与机器人基坐标系的轴线平行，如果需要通过摇杆手动控制机器人的 TCP 沿工件边沿线性运动，在未建立自定义的工件坐标系时是几乎不能做到的，此时可创建自定义的工件坐标系，使得工件坐标系的 X 轴的方向与工件边沿平行。然后如图 5-17 所示，在示教器手动操纵界面将【动作模式】选定为【线性 …】，【坐标系】一栏选定为【工件坐标】，【工件坐标】一栏选定为新定义的工件坐标系【Table…】，此时将机器人动作模式选定为线性运动，朝对应方向拨动摇杆即可使机器人 TCP 沿工件边沿方向线性运动。

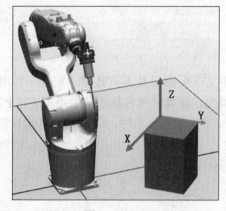

图 5-16

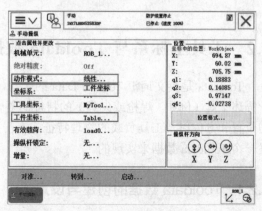

图 5-17

2. 运动轨迹迁移

如图 5-18 所示，当工件由于某些原因需要由 A 位置移动至 B 位置，此时与工件相关的机器人运动轨迹也需要进行迁移。如果与工件相关的运动轨迹是在自定义工件坐标系下编程的，此时只需要重新对工件坐标系进行定义即可实现相关运动轨迹的迁移。

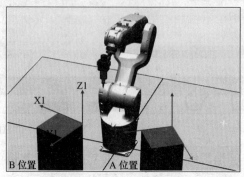

图　5-18

3. 坐标系偏移补偿

如图 5-19 所示，机器人握持着切削工具对产品的上表面进行加工作业，每遍加工的切削进给量为 0.5mm，此时可进行工件坐标系偏移，使得对工件的加工轨迹随之偏移，以补偿工件削减的厚度，保证产品在加工完一遍后依旧能被切削工具有效接触，进行下一个切削进给量的加工。

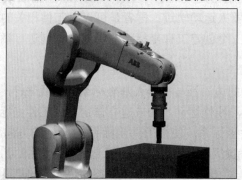

图　5-19

5.2　工具坐标系与 Tooldata 数据

Tooldata 是英文词汇 Tool 与 Data 的合写，它的中文字面意思是工具数据。它是一种用于描述工具（例如，焊枪或夹具）的特征的复合数据类型，此类特征包括工具中心点（TCP）的位置和方位以及工具负载的物理特征。当需要创建一个工具坐标系时，即是通过创建并定义一个 Tooldata 数据来实现的。

5.2.1　Tooldata 数据的创建与设定

本小节将介绍如何创建和定义一个 Tooldata 数据，用于描述工具的工具坐标系和工具负载的物理特征。下面以创建一个名为 Newtool 的工件数据来描述图 5-20 所示的工具坐标系和负载特征，演示如何通过创建工具数据来定义工具坐标系。

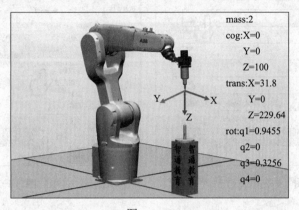

图　5-20

创建 Tooldata 数据并用直接输入法定义工具特征的操作步骤是：1 单击 ABB 菜单—2 单击【手动操纵】—3 单击【工具坐标】—4 单击【新建 …】—5 输入名称"Newtool"—6 单击【确定】—7 选中"Newtool"—8 单击【编辑】—9 单击【更改值 …】—10 在对应项上填入图 5-20 中所示的值—11 单击【确定】，如图 5-21 ～图 5-27 所示。

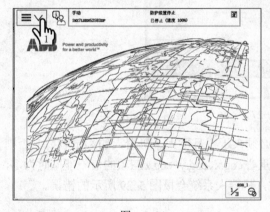

图　5-21

图　5-22

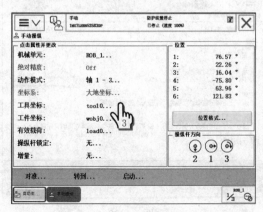

图　5-23

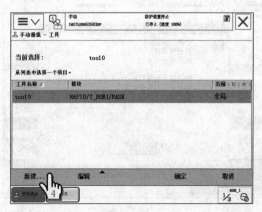

图　5-24

图 5-25

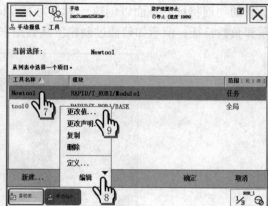
图 5-26

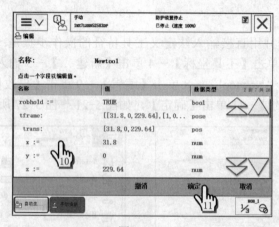
图 5-27

需要注意的是：工具的重量 mass 一项的值必须大于零且不大于机器人的额定载荷，否则控制系统会发出图5-28所示的错误警告；工具的重心 cog.x、cog.y、cog.z 三项的值不能同时为零，否则在运行使用该工具坐标系的运动指令语句时，机器人系统会报图5-29所示的错误。

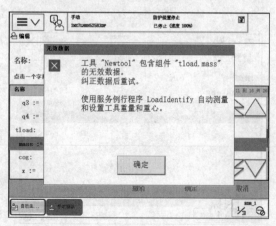
图 5-28

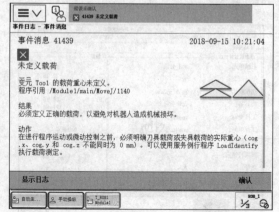
图 5-29

如果在上述用直接输入法定义 Tooldata 的操作步骤 9 中，选择【定义 …】而非【更改值 …】，则为多点定义法定义工具坐标系。多点定义法只能定义 tooldata 数据中 TCP 的位置和姿态，Tooldata 中的 mass、cog 仍旧需要在定义完成工具坐标系后使用直接输入法直接输入或者调用 LoadIdentify 服务例行程序进行自动测算。

对于多点法定义工具坐标系位置，所使用的点数越多则精度越高，当然操作过程所需花费的时间也就越长。确定工具坐标系姿态可以选择的方法有：

（1）TCP（默认方向）　即与 tool0 中工具坐标系的姿态相同，工具坐标系 Z 轴垂于机器人 6 轴法兰平面，指向法兰外侧。

（2）TCP 和 Z　即通过指定一个点作为工具坐标系 Z 轴负半轴上的点来确定工具坐标系的 Z 轴方向，工具坐标系其他轴的方向由系统确定。

（3）TCP 和 Z，X　即通过指定两个点分别作为工具坐标系 Z 轴负半轴上的点和 X 轴负半轴上的点，来确定工具坐标系的 Z 轴方向和 X 轴方向，此时工具坐标系的 Y 轴方向也是确定的了，无须指定，可以通过"右手法则"指示出工具坐标系 Y 轴的方向。

下面以选用"TCP 和 Z，4 点法"为例，演示定义图 5-20 所示的工具坐标系的操作步骤。其步骤为 1 单击【编辑】—2 单击【定义 …】—3 选择【方法】为【TCP 和 Z】、【点数】为【4】—4 将机器人以任意姿态 1 将 TCP 逼近锥尖点—5 单击【点 1】—6 单击【修改位置】—7 将机器人以任意姿态 2 将 TCP 逼近锥尖点—8 单击【点 2】—9 单击【修改位置】—10 将机器人以任意姿态 3 将 TCP 逼近锥尖点—11 单击【点 3】—12 单击【修改位置】—13 将机器人以预期的工具坐标系 Z 轴线平行于基坐标 Z 轴线的姿态将 TCP 逼近锥尖点—14 单击【点 4】—15 单击【修改位置】—16 保持机器人当前姿态，垂直移动 TCP 到锥尖点正上方—17 单击【延伸器点 Z】—18 单击【修改位置】—19 单击【确定】，如图 5-30 ～图 5-41 所示。

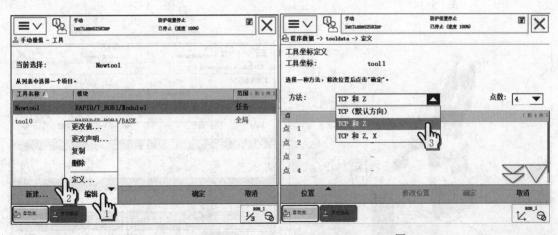

图　5-30　　　　　　　　　　　　　　　图　5-31

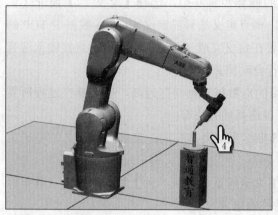

图 5-32

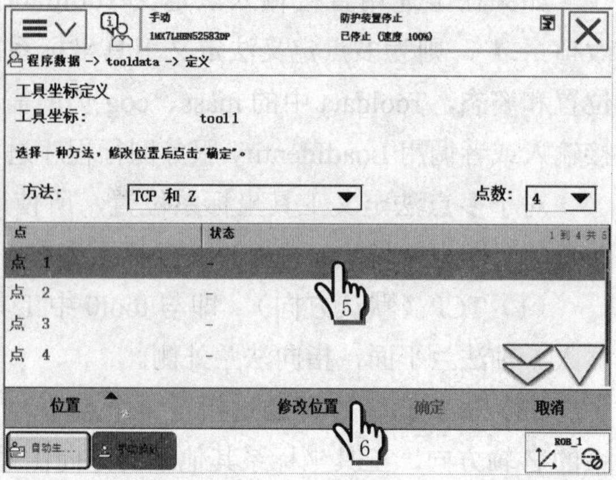

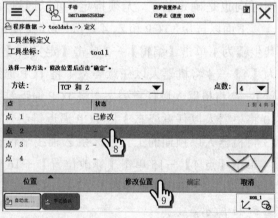

图 5-33

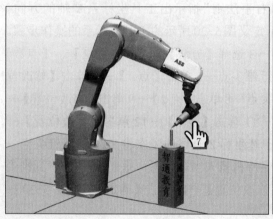

图 5-34

图 5-35

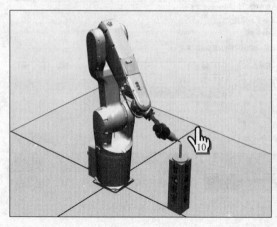

图 5-36

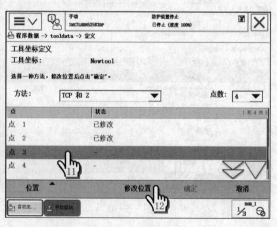

图 5-37

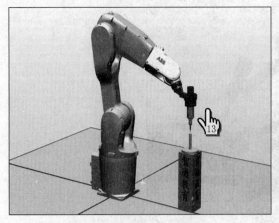

图　5-38

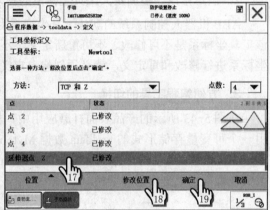

图　5-39

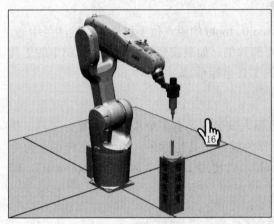
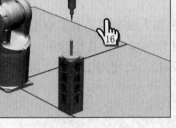

图　5-40

图　5-41

5.2.2　自定义工具坐标系的用途

自定义工具坐标系的用途主要有三：首先创建自定义工具坐标系后，可以在手动操纵界面选择以工具坐标系的方向为摇杆的控制方向，可方便控制机器人的姿态位置；其次创建自定义工具坐标系可以满足对工具坐标系进行修改和重新定义的需求；再者创建自定义工具坐标，能够方便编程工具的切换。接下来对以上三个使用自定义工具坐标系的用途，分别进行举例介绍。

1. 便于控制机器人的姿态位置

如图 5-42 所示，将焊枪的工具坐标系设定为 Z 轴线与焊枪末段枪管中心线重合，当需要保持焊接角度不变，调整焊枪与焊接材料距离时，将摇杆控制方向设定为工具坐标系，即可方便地通过摇杆调整焊枪与焊接材料的距离。另一方面，由于将焊枪工具的 TCP 定义在焊枪末端，如果以工具坐标系为参考做重定位运动，就可以在不改变焊接位置、焊接距离的情况下方便地调整焊接姿态。

图 5-42

2. 满足修改、重新定义工具坐标系的需求

ABB 机器人控制系统的默认工具坐标系为tool0。tool0 的原点位于机器人六轴法兰中心，该工具坐标系是不可修改、不可重新定义、不可删除的，如果需要对运动指令语句中的工具坐标系进行修改和重定义，就必须创建自定义的工具坐标系。

3. 方便编程工具的切换

在图 5-43 所示的产品表面打磨应用中，机器人安装的是有多个工作面的复合工具。使用一个可变量存储形式的 tooldata 数据 Mytool 作为编程工具坐标系，当使用工作面 1 时令 Mytool=tool1，当使用工作面 2 时令 Mytool=tool2，当使用工作面 3 时令 Mytool=tool3，即可实现编程工具坐标系的切换。

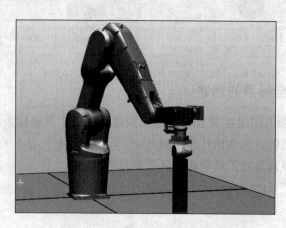

图 5-43

课后练习题

1. 一个坐标系由一个原点和 3 根相互垂直的轴线组成，请问为什么定义工件坐标系时，只指定了一个原点和两条轴线却能确定唯一的工件坐标系？

2. 用直接输入法定义工件坐标时，输入了数值（uframe.trans）x: =100，y: =200，z: =300，请问这些数值表示什么含义。

3. 定义工件坐标系的三种方法分别是：_____、_____和直接输入法。

4. 正确定义 tooldata 数据时，mass 参数一项，需要满足的条件是_____。

5. 定义 tooldata 数据时，如果 cog 参数中的 x、y、z 三项的值_____，将会导致 RAPID 程序运行出错。

6. 请简述创建自定义工件坐标系所能够带来的好处。

7. 请问对于一个使用"默认方向"定义的工具坐标系 newtool，当水平安装于地面的机器人的 1～6 轴的度数依次为（0，0，0，0，90，0）时，newtool 的各轴与基坐标各轴的指向是怎样的关系？

第 6 章

ABB 工业机器人的 I/O 系统配置

➲ 知识要点

1. 了解标准 I/O 板和 I/O 信号
2. 标准 I/O 板 DSQC651、DSQC652 的配置
3. I/O 信号的配置和电气接线
4. I/O 信号的仿真、强制操作

➲ 技能目标

1. 掌握配置标准板卡的方法
2. 熟悉 I/O 信号的配置和电气接线
3. 掌握 I/O 信号的仿真和强制操作

6.1 标准板卡类型

ABB 机器人的标准 I/O 板可以实现与外界的 I/O 通信，通过信号的传递就能执行相应的操作。本节将介绍常用的 ABB 标准 I/O 板，具体型号及说明见表 6-1。

表 6-1

型 号	说 明
DSQC 651	分布式 I/O 模块 DI8\DO8 AO2
DSQC 652	分布式 I/O 模块 DI16\DO16
DSQC 653	分布式 I/O 模块 DI8\DO8 带继电器
DSQC 355A	分布式 I/O 模块 AI4\AO4
DSQC 377A	输送链跟踪单元

小贴士

I/O 是 Input/Output 的缩写，即输入/输出端口。每个设备都会有一个专用的 I/O 地址，用来处理自己的输入/输出信息。

ABB 的标准 I/O 板提供的常用信号处理有数字输入 di、数字输出 do、模拟输入 ai，模拟输出 ao，以及输送链跟踪等。

1. 标准 I/O 板 DSQC 651

DSQC 651 是一款拥有 8 个数字输入信号、8 个数字输出信号和 2 个模拟输出信号的信

号板。图 6-1 所示为 DSQC 651 模块接口组成示意图。

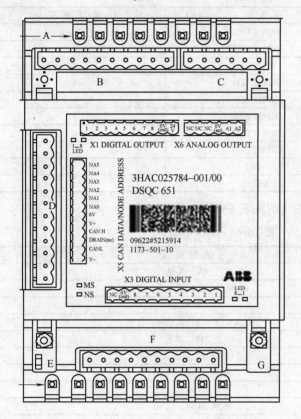

标号	说明
A	数字输出信号指示灯
B	X1 数字输出接口
C	X6 模拟输出接口
D	X5 DeviceNet接口
E	模块状态指示灯
F	X3 数字输入接口
G	数字输入信号指示灯

图 6-1

数字输出接口 X1 的端子编号详细说明见表 6-2，数字输入接口 X3 的端子编号详细说明见表 6-3。

表 6-2

X1 端子编号	使 用 定 义	地 址 分 配
1	OUTPUT CH1	32
2	OUTPUT CH2	33
3	OUTPUT CH3	34
4	OUTPUT CH4	35
5	OUTPUT CH5	36
6	OUTPUT CH6	37
7	OUTPUT CH7	38
8	OUTPUT CH8	39
9	0V	—
10	24V	—

表 6-3

X3 端子编号	使 用 定 义	地 址 分 配
1	INPUT CH1	0
2	INPUT CH2	1
3	INPUT CH3	2
4	INPUT CH4	3
5	INPUT CH5	4
6	INPUT CH6	5
7	INPUT CH7	6
8	INPUT CH8	7
9	0V	—
10	未使用	—

DeviceNet 接口 X5 的端子编号详细说明见表 6-4。

表 6-4

X5 端子编号	使 用 定 义
1	0V，黑色
2	CAN 信号线，低电压，蓝色
3	屏蔽线
4	CAN 信号线，高电压，白色
5	24V，红色
6	GND 地址选择公共端
7	模块 ID bit0（LSB）
8	模块 ID bit1（LSB）
9	模块 ID bit2（LSB）
10	模块 ID bit3（LSB）
11	模块 ID bit4（LSB）
12	模块 ID bit5（LSB）

ABB 标准 I/O 板是挂在 DeviceNet 现场总线上的，所以要设定模块在总线上的地址。
X5 端子的 6 ～ 12 短接线用来决定模块的地址，因地址 0 ～ 9 已经被系统占用，所以模块的
地址可用范围为 10 ～ 63。如图 6-2 所示，将第 8 脚和第 10 脚的跳线剪去，2+8=10 就可以
获得 10 的地址。

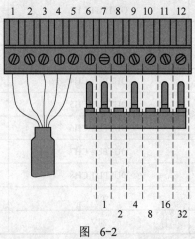

图 6-2

模拟输出接口 X6 的端子编号详细说明见表 6-5。

表　6-5

X6 端子编号	使 用 定 义	地 址 分 配
1	未使用	—
2	未使用	—
3	未使用	—
4	0V	模拟输出公共端
5	模拟输出 ao1	0 ~ 15，模拟输出范围 0 ~ +10V
6	模拟输出 ao2	16 ~ 31，模拟输出范围 0 ~ +10V

2. 标准 I/O 板 DSQC 652

DSQC 652 是一款拥有 16 个数字输入信号和 16 个数字输出信号的信号板。图 6-3 所示为 DSQC 652 模块接口组成示意图。

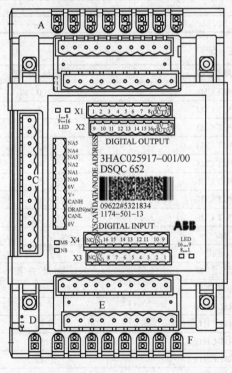

标号	说明
A	数字输出信号指示灯
B	X1、X2数字输出接口
C	X5 DeviceNet接口
D	模块状态指示灯
E	X3、X4数字输入接口
F	数字输入信号指示灯

图　6-3

数字输出接口 X1、X2 的端子编号详细说明见表 6-6，数字输入接口 X3、X4 的端子编号详细说明见表 6-7。

表 6-6

X1 端子编号	使 用 定 义	地 址 分 配
1	OUTPUT CH1	0
2	OUTPUT CH2	1
3	OUTPUT CH3	2
4	OUTPUT CH4	3
5	OUTPUT CH5	4
6	OUTPUT CH6	5
7	OUTPUT CH7	6
8	OUTPUT CH8	7
9	0V	—
10	24V	—
X2 端子编号	使 用 定 义	地 址 分 配
1	OUTPUT CH9	8
2	OUTPUT CH10	9
3	OUTPUT CH11	10
4	OUTPUT CH12	11
5	OUTPUT CH13	12
6	OUTPUT CH14	13
7	OUTPUT CH15	14
8	OUTPUT CH16	15
9	0V	—
10	24V	—

表 6-7

X3 端子编号	使 用 定 义	地 址 分 配
1	INPUT CH1	0
2	INPUT CH2	1
3	INPUT CH3	2
4	INPUT CH4	3
5	INPUT CH5	4
6	INPUT CH6	5
7	INPUT CH7	6
8	INPUT CH8	7
9	0V	—
10	未使用	—
X4 端子编号	使 用 定 义	地 址 分 配
1	INPUT CH9	8
2	INPUT CH10	9
3	INPUT CH11	10
4	INPUT CH12	11
5	INPUT CH13	12
6	INPUT CH14	13
7	INPUT CH15	14
8	INPUT CH16	15
9	0V	—
10	未使用	—

X5 端子与 DSQC651 相同，其端子编号详细说明见表 6-4。

3. 标准 I/O 板 DSQC 653

DSQC 653 是一款拥有 8 个数字输入信号和 8 个数字继电器输出信号的信号板。如图 6-4 所示为 DSQC 653 模块接口组成示意图。

标号	说明
A	数字继电器输出信号指示灯
B	X1 数字继电器输出信号接口
C	X5 DeviceNet接口
D	模板状态指示灯
E	X3 数字输入信号接口
F	数字输入信号指示灯

图　6-4

X1 和 X3 信号接口的端子编号详细说明见表 6-8、表 6-9。

表　6-8

X1 端子编号	使用定义	地址分配
1	OUTPUT CH1A	0
2	OUTPUT CH1B	
3	OUTPUT CH2A	1
4	OUTPUT CH2B	
5	OUTPUT CH3A	2
6	OUTPUT CH3B	
7	OUTPUT CH4A	3
8	OUTPUT CH4B	
9	OUTPUT CH5A	4
10	OUTPUT CH5B	
11	OUTPUT CH6A	5
12	OUTPUT CH6B	
13	OUTPUT CH7A	6
14	OUTPUT CH7B	
15	OUTPUT CH8A	7
16	OUTPUT CH8B	

表 6-9

X3 端子编号	使 用 定 义	地 址 分 配
1	INPUT CH1	0
2	INPUT CH2	1
3	INPUT CH3	2
4	INPUT CH4	3
5	INPUT CH5	4
6	INPUT CH6	5
7	INPUT CH7	6
8	INPUT CH8	7
9	0V	—
10～16	未使用	—

X5 端子与 DSQC 651 相同，其端子编号详细说明见表 6-4。

4. 标准 I/O 板 DSQC 355A

DSQC 355A 是一款拥有 4 个模拟输入信号和 4 个模拟输出信号的信号板。图 6-5 所示为 DSQC 355A 模块接口组成示意图。

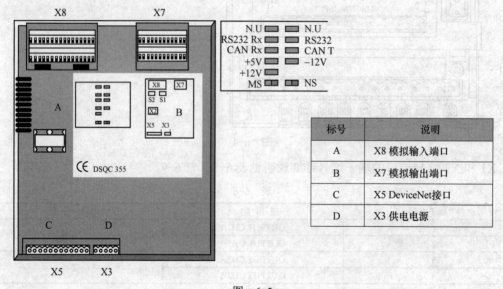

标号	说明
A	X8 模拟输入端口
B	X7 模拟输出端口
C	X5 DeviceNet接口
D	X3 供电电源

图 6-5

X3、X7 和 X8 的端子编号详细说明见表 6-10～表 6-12。

表 6-10

X3 端子编号	使 用 定 义
1	0V
2	未使用
3	接地
4	未使用
5	+24V

表　6-11

X7 端子编号	使 用 定 义	地 址 分 配
1	模拟输出 _1，−10V/+10V	0 ～ 15
2	模拟输出 _2，−10V/+10V	16 ～ 31
3	模拟输出 _3，−10V/+10V	32 ～ 47
4	模拟输出 _4，4 ～ 20mA	48 ～ 63
5 ～ 18	未使用	—
19	模拟输出 _1，0V	—
20	模拟输出 _2，0V	—
21	模拟输出 _3，0V	—
22	模拟输出 _4，0V	—
23 ～ 24	未使用	—

表　6-12

X8 端子编号	使 用 定 义	地 址 分 配
1	模拟输入 _1，−10V/+10V	0 ～ 15
2	模拟输入 _2，−10V/+10V	16 ～ 31
3	模拟输入 _3，−10V/+10V	32 ～ 47
4	模拟输入 _4，−10V/+10V	48 ～ 63
5 ～ 16	未使用	—
17 ～ 24	+24V	—
25	模拟输入 _1，0V	—
26	模拟输入 _2，0V	—
27	模拟输入 _3，0V	—
28	模拟输入 _4，0V	—
29 ～ 32	0V	—

X5 端子与 DSQC 651 相同，其端子编号详细说明见表 6-4。

5. 标准 I/O 板 DSQC 377A

DSQC 377A 板主要提供机器人输送链跟踪功能所需的编码器与同步开关信号的处理，图 6-6 所示为 DSQC 377A 模块接口组成示意图。

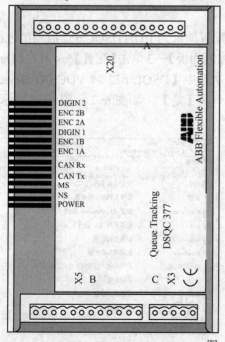

标号	说明
A	X20是编码器与同步开关的端子
B	X5 DeviceNet接口
C	X3 供电电源

图　6-6

111

X20 的端子编号详细说明见表 6-13。

表 6-13

X20 端子编号	使 用 定 义
1	24V
2	0V
3	编码器 1，24V
4	编码器 1，0V
5	编码器 1，A 相
6	编码器 1，B 相
7	数字输入信号 1，24V
8	数字输入信号 1，0V
9	数字输入信号 1，信号
10 ～ 16	未使用

X3 接口与 DSQC 355A 相同，其端子编号详细说明见表 6-10。

X5 接口与 DSQC 651 相同，其端子编号详细说明见表 6-4。

6.2 DSQC 652 板卡与数字信号配置

6.2.1 DSQC 652 板卡的配置

本小节介绍 ABB 标准板卡的配置方法，以配置地址为 10 的 DSQC 652 板为例进行说明。

具体步骤为：1 单击 ABB 主菜单—2 单击【控制面板】—3 单击【配置】—4 双击【DeviceNet Device】—5 单击【添加】—6 单击【默认】—7 选中【DSQC 652 24 VDC I/O Device】—8 把 Address 值更改为 10—9 单击【确定】—10 单击【是】，如图 6-7 ～ 图 6-13 所示。配置完成后如图 6-14 所示。

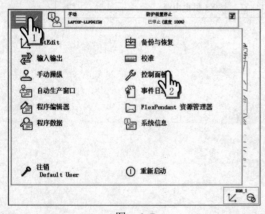

图 6-7

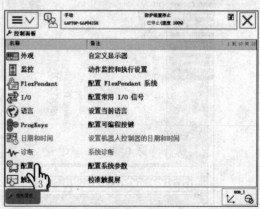

图 6-8

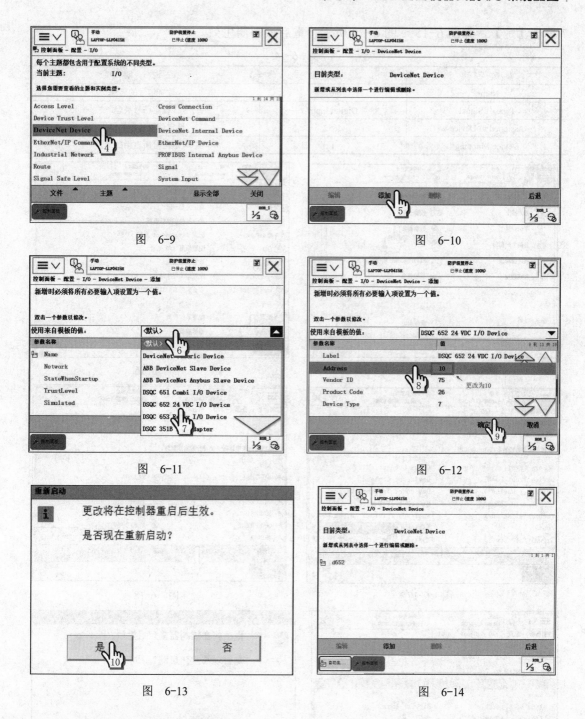

图　6-9

图　6-10

图　6-11

图　6-12

图　6-13

图　6-14

6.2.2　DI信号的配置与电气接线

ABB要配置DI信号，需要先参考6.2.1小节的方法配置相应的板卡。下面以DSQC 652板卡为例介绍如何配置DI信号di01。

具体步骤为：1单击ABB主菜单—2单击【控制面板】—3单击【配置】—4双击【Signal】—5单击【添加】，参考表6-14对图6-19所示界面进行设置—6单击【确定】—

7 单击【是】，如图 6-15～图 6-20 所示。重启控制器生效。

表　6-14

参　数　名　称	设　定　值	说　　明
Name	di01	数字信号的名称
Type of Signal	Digital Input	设定信号类型
Assigned to Device	d652	设定信号所在的模块
Device Mapping	1	设定信号所占用的地址

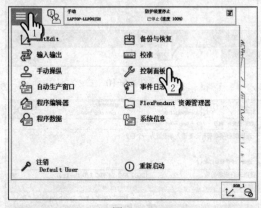

图　6-15

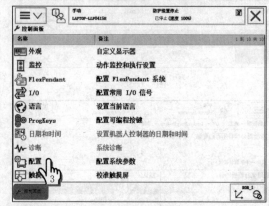

图　6-16

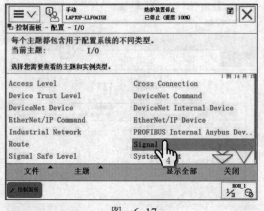

图　6-17

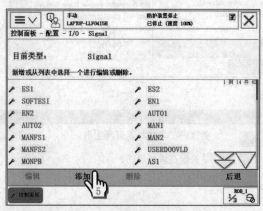

图　6-18

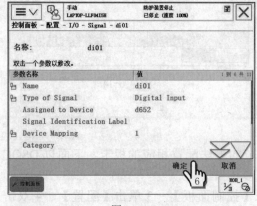

图　6-19

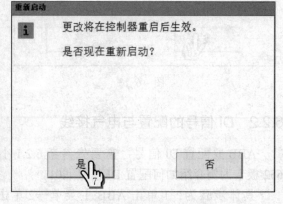

图　6-20

ABB 提供的标准板卡都是 PNP 型，即高电位有效。数字输入信号 di01 的电气接线如图 6-21 所示。

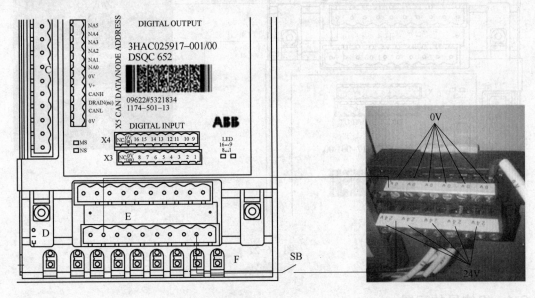

图　6-21

X3 端子的 9 号端口与电源的 0V 相连，2 号输入端口经过开关与电源的 24V 相连。

小贴士　在实际接线中，为了对电路起到安全保护等作用，通常都会接上继电器。因为 di01 是输入信号，开关正常都是接常开端。

6.2.3　DO 信号的配置与电气接线

DO 信号的配置步骤与 DI 信号的配置相同，唯一的不同是在类型选择时选择"Digital output"，具体设置详情见表 6-15。

表　6-15

参 数 名 称	设 定 值	说 明
Name	do01	数字信号的名称
Type of Signal	Digital output	设定信号类型
Assigned to Device	d652	设定信号所在的模块
Device Mapping	1	设定信号所占用的地址

数字输出信号 do01 的电气接线如图 6-22 所示。

X1 端子的 10 号端口与电源的 24V 相连，2 号输出端口经过电器与电源的 0V 相连。

小贴士　信号输出端口一定要通过电器（指示灯等）再接入电源的 0V，不然电路会短路。在实际接线中，为了对电路起到安全保护等作用，通常都会接上继电器。

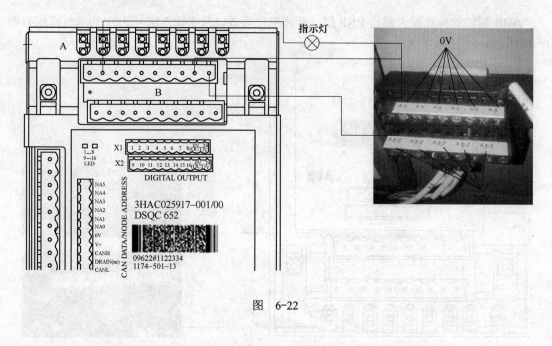

图 6-22

6.2.4 组信号的配置

组信号分为组输入信号 GI 和组输出信号 GO。组输出（输入）信号就是将几个数字输出（输入）信号组合起来使用，用于输出（输入）BCD 编码的十进制数。

组输入信号 GI 的配置步骤与 DI 信号的配置相同，不同是在类型选择时选择"Group Input"，组信号占用多个地址，具体设置详情见表 6-16。

表 6-16

参 数 名 称	设 定 值	说 明
Name	Gi01	数字组输入信号的名称
Type of Signal	Group Input	设定信号类型
Assigned to Device	d652	设定信号所在的模块
Device Mapping	0 ～ 3	设定信号所占用的地址（0 ～ 3 代表 0、1、2、3 四位地址所组成的组信号）

组信号值的计算方法参考见表 6-17 所做的示例。

表 6-17

地址位	地址 0	地址 1	地址 2	地址 3	第 N 位地址	组信号值
对应值	1	2	4	8	2^{n-1}	—
状态 1	0	1	1	0	—	2+4=6
状态 2	1	0	0	1	—	1+8=9
状态 3	1	1	1	1	—	1+2+4+8=15

组输出信号 GO 的具体设置详情见表 6-18。

表　6-18

参 数 名 称	设 定 值	说　　　明
Name	Go01	数字组输入信号的名称
Type of Signal	Group Output	设定信号类型
Assigned to Device	d652	设定信号所在的模块
Device Mapping	0 ～ 4	设定信号所占用的地址

> **小贴士**
>
> 如果组信号占用多个不连贯的地址，可以用逗号进行隔开，比如：（0 ～ 4，7）。

6.3　DSQC 651 板卡与模拟信号配置

标准板卡 DSQC 651 的配置方法与 DSQC652 的配置方法相同，在选择板卡模板和板卡地址时根据实际情况设定即可，具体操作方法可以参考图 6-7 ～图 6-13。

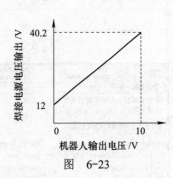

图　6-23

DSQC 651 有 8 个数字输入、8 个数字输出和 2 个模拟输出，前面 6.2 节已介绍了 DI 信号和 DO 信号的配置，本小节向读者介绍如何配置模拟输出信号 AO。

模拟输出信号常应用于控制焊接电源电压、电流。这里以创建焊接电源电压输出与机器人输出电压的图 6-23 所示的线性关系为例，定义模拟输出信号 ao1，相关参数见表 6-19。

表　6-19

参 数 名 称	设 定 值	说　　　明
Name	ao1	设定模拟输出信号的名字
Type of Signal	Analog Output	设定信号的类型
Assigned to Device	D651	设定信号所在的 I/O 模块
Device Mapping	0 ～ 15	设定信号所占用的地址
Default Value	12	默认值，不得小于最小逻辑值
Analog Encoding Type	Unsigned	编码形式，无符号编码
Maximum Logical Value	40.2	最大逻辑值，焊机最大输出电压 40.2V
Maximum Physical Value	10	最大物理值，焊机最大输出电压时所对应 I/O 板卡最大输出电压值
Maximum Physical Value Limit	10	最大物理限值，I/O 板卡端口最大输出电压值
Maximum Bit Value	65535	最大逻辑位值，16 位
Minimum Logical Value	12	最小逻辑值，焊机最小输出电压 12V
Minimum Physical Value	0	最小物理值，焊机最小输出电压时所对应 I/O 板卡最小输出电压值
Minimum Physical Value Limit	0	最小物理限值，I/O 板卡端口最小输出电压
Minimum Bit Value	0	最小逻辑位值

配置步骤为：1 单击 ABB 主菜单—2 单击【控制面板】—3 单击【配置】—4 双击【Signal】—5 单击【添加】，参考表 6-19 所示进行设置—6 设定完成后单击【确定】—7 单击【是】，重启控制器生效，如图 6-24～图 6-29 所示。

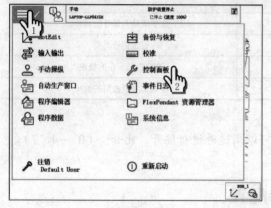

图　6-24

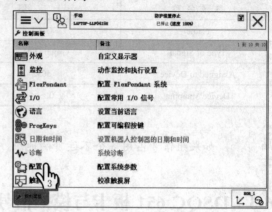

图　6-25

图　6-26

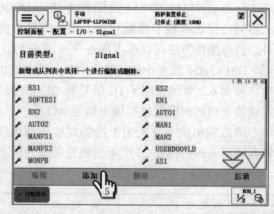

图　6-27

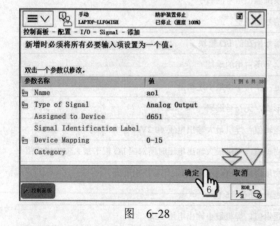

图　6-28

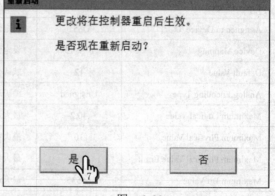

图　6-29

6.4　I/O 信号的状态查看与仿真、强制操作

如何查看一个 DI 信号是否有信号输入？想手动控制一个 DO 信号的输出状态，以测试

该信号的电气连接是否正常，该如何操作呢？本节将为大家揭晓以上问题的答案。

6.4.1　I/O 信号的状态查看

I/O 信号创建完成后，可以通过输入输出选项进行查看。

详细步骤为：1 单击 ABB 主菜单—2 单击【输入输出】，进入 I/O 查看界面，如图 6-30、图 6-31 所示。可以通过【视图】列表，选择自己需要查看的信号，如图 6-32 所示。

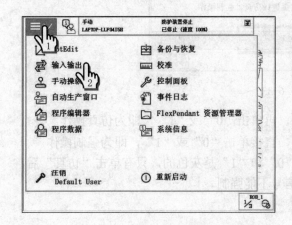

图　6-30

图　6-31

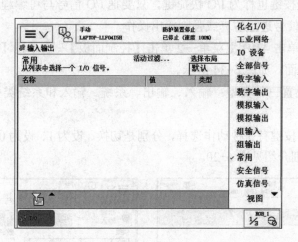

图　6-32

6.4.2　I/O 信号的仿真和强制

在输入输出选项中，可以进行 I/O 信号的仿真和强制操作。需要注意的是，输出信号可以仿真和强制。输入信号只能仿真，不能强制。

通过输入输出选项进入 I/O 查看界面，选中任意数字输出信号，在界面的下方即可进行仿真、强制操作，如图 6-33 所示。

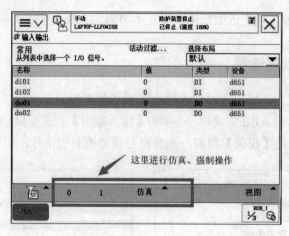

图 6-33

仿真：如图 6-33 所示，先单击"仿真"，再单击"0"或"1"，即为仿真操作。

强制：如图 6-33 所示，不单击"仿真"，直接单击"0"或"1"，即为强制操作。

如果选中任意数字输入信号，可以发现"0"和"1"是灰色的，只有单击"仿真"后，"0"和"1"才变为黑色，这表明数字输入信号不能强制。

6.4.3 示教器用户键的功能定义

示教器的可编程按键也称为 I/O 快捷键。只要把 I/O 信号与可编程按键进行绑定，就可以方便快捷地对 I/O 信号进行仿真或强制输出操作。

设置方法为：1 单击 ABB 主菜单—2 单击【控制面板】—3 单击【ProgKeys】，即可进入可编程按键设置界面，如图 6-34 所示。

可编程按键可设置三种类型：输入、输出、系统。输入和系统类型的设置界面分别如图 6-35 和图 6-36 所示。

输出类型中按下按键有 5 种动作选择，分别是切换、设为 1、设为 0、按下 / 松开、脉冲，如图 6-37 所示。详细介绍见表 6-20。

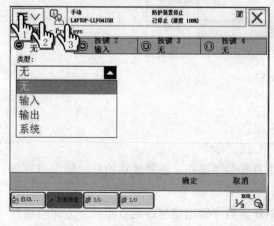

图 6-34

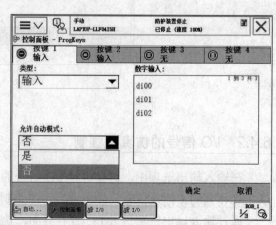

图 6-35

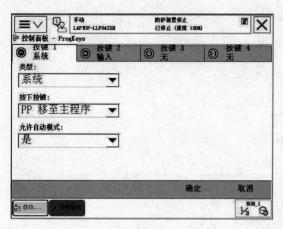
图　6-36

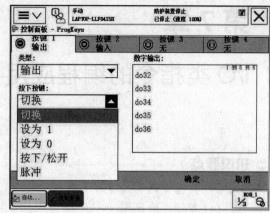
图　6-37

表　6-20

按 键 动 作	说　　明
切换	把信号的当前值进行置反，例如当前信号为 0，按一下变为 1，再按一下变为 0
设为 1	把信号置 1，例如当前信号为 0，按下即为 1，再次按下也为 1
设为 0	把信号复位，例如当前信号为 1，按下为 0，再按下也为 0
按下 / 松开	把按键按下后，信号输出 1，松开后信号复位 0
脉冲	按下后，输出 1s 为 1 的信号

课后练习题

1. 信号 DI 的含义是_____，信号 DO 的含义是_____，信号 GI 的含义是_____，信号 AO 的含义是_____。

2. ABB 标准板卡 DSQC 651 包含的信号有_____。

3. DeviceNet 接口中，如果把 9 和 11 端子编号的针脚剪断，对应的地址值是_____。

4. 示教器可编程按键可以与_____，_____，_____这三种信号类型进行绑定。

5. DSQC 651 的 DO 信号占用地址范围是_____。

6. 示教器可编程按键输出类型中的按下按键有哪几种动作模式？

7. 简述 ABB 标准板卡 DSQC 651 的配置步骤。

第7章

I/O 类指令的编程应用

⊃ 知识要点

1. I/O 类指令的含义理解
2. I/O 类指令的运用
3. 程序相关的编辑操作

⊃ 技能目标

1. 了解 Set、SetDO、Pulse 指令的含义
2. 熟悉等待指令的含义
3. 熟悉程序的复制、粘贴、删除等编辑操作
4. 熟悉 I/O 类指令在实际中的运用

第 6 章学习了 I/O 信号的创建，本章学习 I/O 类指令的编程应用。

7.1 常用的 I/O 控制指令

通过对信号的控制，可以达到与机器人周边设备进行通信的目的，本节介绍一些常用的数字输出信号控制指令。

1. Set（设置数字输出信号）

Set 指令用于将数字输出信号的值设为 1，常应用于控制电器的开启。

例如：Set do_1;

说明：把信号 do_1 的值设置为 1。

2. Reset（重置数字输出信号）

Reset 指令用于将数字输出信号的值重置为 0，常和 Set 指令搭配使用，用于控制电器的关闭。

例如：Reset do_1;

说明：把信号 do_1 的值重置为 0。

3. SetDO（改变数字输出信号值）

SetDO 指令用于改变数字输出信号的值，这个值可以是 "0" "1" 或者 "high" 等。

例如 1：SetDO do_1,1;

说明：把信号 do_1 的值设为 1，等同于 Set do_1;。

例如 2：SetDO do_1,0;

说明：把信号 do_1 的值设为 0，等同于 Reset do_1;。

例如 3：SetDO do_1,high;

说明：把信号 do_1 的值设为 high。

4. PulseDO（产生关于数字输出信号的脉冲）

PulseDO 指令作为控制数字输出信号的脉冲，默认脉冲长度为 0.2s，也可以设置脉冲长度。

例如 1：PulseDO do_1;

说明：输出信号 do_1 产生 0.2s 的脉冲。

例如 2：PulseDO\PLength:=1.0,do_1;

说明：信号 do_1 输出长度为 1.0s 的脉冲，\Plength 为可选变量。

> **小贴士**　I/O 控制指令都位于指令标签 "I/O" 内，常用的 I/O 控制指令也可以在指令标签 "Common" 中找到。更多 I/O 控制指令的使用方法大同小异，可以参考 ABB 的 "技术参考手册"。

7.2　WaitDI、WaitUntil、WaitTime 指令

本节介绍三个常用的等待指令：WaitDI、WaitUntil、WaitTime。

1. WaitDI（数字输入信号等待指令）

WaitDI 指令用于数字输入信号状态的判断与等待，其可以设定最长等待时间。

例如 1：WaitDI di_1,1;

说明：等待信号 di_1 的值为 1，如果为 1，则程序继续往下执行，否则等待直至超出最大设定时间。

例如 2：WaitDI di_1,1\MaxTime:=30;

说明：等待信号 di_1 的值为 1，如果为 1，则程序继续往下执行，如果等待时间超出 30s，则报错停止，其中 \MaxTime:=30 为可选变量。

2. WaitUntil（条件等待指令）

WaitUntil 指令用于所有信号类型和变量状态的等待，直至满足逻辑条件，其可以添加多个条件，也可以设定最长等待时间。

例如 1：WaitUntil di_1=1;

说明：等待直到信号 di_1 的值为 1，否则一直等待直到超出最大等待时间。

例如 2：WaitUntil di_1=1 AND di_2=1 OR reg1=5\MaxTime:=60;

说明：等待信号 di_1 等于 1 同时 di_2 等于 1 或 reg1 等于 5，如果等待时间超出 60s，则报错停止，其中 \MaxTime:=60 为可选变量。

3. WaitTime（等待给定的时间）

WaitTime 指令用于等待给定的时间。该指令亦可用于等待，直至机械臂和外轴静止。

例如 1：WaitTime 0.5;

说明：程序执行等待 0.5s。

例如 2：WaitTime\InPos,0;

说明：程序执行进入等待，直至机械臂和外轴已静止，\InPos 为可选变量。

7.3 一个最简单的搬运程序

通过前面章节的学习，现在已经可以进行简单的程序编写了。本节根据前面的知识储备进行一个简单的搬运程序编写。

1. 任务描述

机器人从 PHome 点开始，移动至夹取点 p10，夹取物料后安全移动至放置点 p20，放置物料后再回到 PHome 点，如图 7-1 所示。其中，p30 和 p40 分别为垂直于 p10 和 p20 的过渡点。

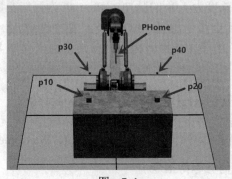

图　7-1

2. 配置说明

配置说明见表 7-1。

表　7-1

类　别	名　称
IO 板卡	D652
夹爪控制信号	do_1
夹爪名称	tool1

3. 任务要求

夹取和放置动作添加 0.5s 延时。按照搬运要求，程序编辑如下：

```
PROC main()
MoveJ pHome, v1000, z50, tool1;! 移动至 home 点
MoveJ p30, v1000, z10, tool1;! 移动至取料点 p10 上方过渡点 p30
MoveL p10, v1000, fine, tool1;! 准确移动至取料点 p10，转弯半径用 fine
Set do_1;! 夹取物料
WaitTime 0.5;! 延时 0.5s，等待物料被夹稳
MoveL p30, v1000, z10, tool1;! 线性移动至过渡点 p30
MoveJ p40, v1000, z10, tool1;! 移动至放置点 p20 上方的过渡点 p40
MoveL p20, v1000, fine, tool1;! 准确移动至放置点 p20
Reset do_1;! 松开夹爪，放置物料
WaitTime 0.5;! 延时 0.5s，等待物料被放好
MoveL p40, v1000, z10, tool1;! 线性移至过渡点 p40
MoveJ pHome, v1000, fine, tool1;! 回到 home 点，搬运完成
ENDPROC
```

<table>
<tr><td rowspan="3">小
贴
士</td><td>由于过渡点的设定，一方面是根据编程需要，另一方面也需要根据实际空间布局进行考虑。</td></tr>
<tr><td>巧用 WaitTime 等待指令，能保证程序平稳、安全运行。本节的搬运练习中，延时 0.5s 的作用就是防止物料没有放好、机器人马上动作会使物料跟随动作的情况发生。</td></tr>
<tr><td>如果 Set、Reset 前有 moveJ/moveL/moveC/moveABSJ 等运动指令，转弯区指令必须使用 fine 才可以准确输出 I/O 信号状态的变化。</td></tr>
</table>

7.4　程序的编辑操作

在编写程序的过程中，熟悉程序的编辑可以带来很大的便利，缩短程序编写时间。本节就介绍编写程序时的一些常用编辑操作，比如剪切、复制、粘贴、备注行等。

进入程序编辑器，在编辑界面的下方有一个"编辑"选项，单击它，可以查看到所有的编辑操作，如图 7-2 所示，详细说明见表 7-2。

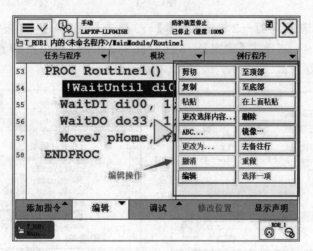

图　7-2

表　7-2

名　　　称	说　　　明
剪切	删除所选定的数据，并将它放置到剪贴板上
复制	不删除所选定的数据，只把它放置到剪贴板上
粘贴	把剪贴板上的数据放置到所选行的下一行
在上面粘贴	把剪贴板上的数据放置到所选行的上一行
更改选择内容	通过选择的方式更改选定的内容
删除	删除所选定的行
ABC	通过手动输入的方式更改所选定的内容
更改为	MoveJ 和 MoveL 指令之间的快速转换
备注行 / 去备注行	通过备注标识"！"使备注的程序行不会被读取运行，也做解释说明用；"去备注行"可以对"！"进行删除
撤消	取消上一步操作
至顶部 / 至底部	快速回到程序的顶部或底部
编辑	可以选择多行相邻的程序

编辑示例1：通过编辑操作把图7-3的36行程序的速度更改为"v500"，工具更改为"tool1"，并剪切至程序33行的下方。

图 7-3

操作步骤为：1选中36行—2单击【编辑】—3单击【ABC…】—4按要求更改为"MoveL p30, v500, z50, tool1;"—5单击【确定】—6选中36行，单击【剪切】—7选中33行，单击【粘贴】，如图7-4～图7-8。图7-9为编辑完成后的程序。

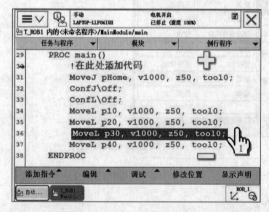

图 7-4

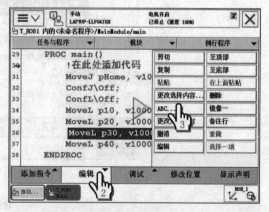

图 7-5

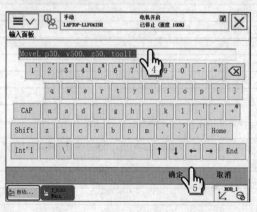

图 7-6

图 7-7

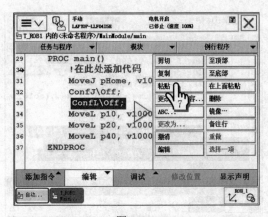

图　7-8

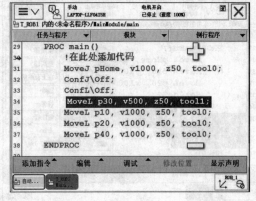

图　7-9

编辑示例 2：

通过"编辑"操作快速把图 7-10 中的 30 ～ 32 行程序快速复制到 37 行后面。

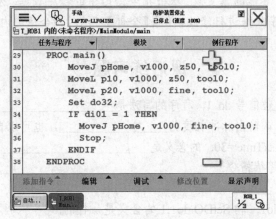

图　7-10

操作步骤为：1 选中 30 行—2 单击示教器下方的【编辑】—3 单击右侧的【编辑】—4 单击 32 行—5 单击【复制】—6 单击 34 行，选中整个 IF 指令—7 单击【粘贴】，如图 7-11 ～ 7-14 所示。

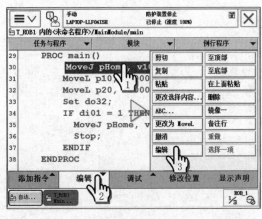

图　7-11

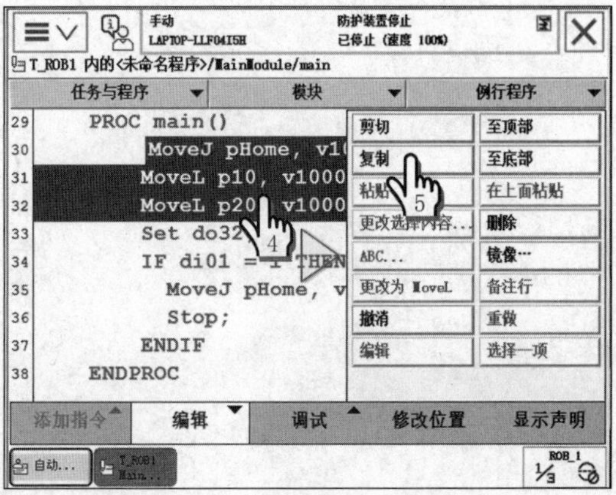

图　7-12

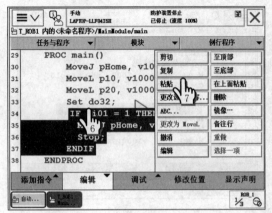

图　7-13　　　　　　　　　　　　　　　　　图　7-14

小贴士　　通过编辑操作【ABC…】可以直接编辑指令语句的内容，但所做的更改必须符合 RAPID 语法规则，不能随意更改。双击指令语句中的程序数据，然后单击【仅选定内容】可以对选中的程序数据进行修改，单击【全部】可以对指令语句内的全部内容进行修改。

课后练习题

1. 用 Setdo 指令复位信号 do_1，程序的写法是_____。
2. Pulsedo 指令默认输出脉冲长度为_____，也可以自己设置脉冲长度。
3. WaitDI di_1,1\MaxTime:=30; 的含义是_____。
4. 写出任意 3 个等待指令：_____，_____，
_____。
5. [判断题] Set do1; 和 SetDO do1,1 的含义是一样的。　　　　　　　（　　　）
6. [判断题] PulseDO\PLength:=1.0,do_1; 是指输出长度为 1min 的脉冲。（　　　）
7. [判断题] Set do1; 和 Set di1; 的使用都是正确的。　　　　　　　（　　　）
8. [判断题] di_1 为数字输入信号，WaitDI di_1,5; 的使用是正确的。（　　　）

第 8 章

数学运算类指令

○ **知识要点**

1. 赋值指令的应用
2. 数学指令、函数的应用

○ **技能目标**

1. 掌握程序数据界面查看、修改程序数据的方法
2. 调试程序时快速查看程序数据值的方法
3. 通过示教器输入复合算术表达式的方法
4. 熟练使用赋值指令与算术运算指令

8.1 赋值指令的编程应用

在第 4 章中学习了 RAPID 编程语言数据类型的概念，并列出了使用频率相对较高的程序数据类型；还学习了程序数据存储类型的概念，并对比了常量（CONST）、变量（VAR）、可变量（PERS）三种存储类型的异同。无论对于哪一种数据类型、哪一种存储方式，在声明程序数据时都需要用赋值指令对其赋初值，例如：

PERS tooldata MyTool:=[TRUE,[[0,0,100],[1,0,0,0]],[1,[0,0,1],[1,0,0,0],0,0,0]];

VAR robtarget P1:=[[100,200,300],[0,0,1,0],[0,0,0,0],[0,0,0,0,9E+09,9E+09]];

CONST num conter:=0;

在数据声明部分以外，对于以常量形式存储的程序数据是无法使用赋值指令来改变其所存储的数据值的，如果尝试对一个常量运用赋值指令，系统执行程序检查时会报语法错误："指令错误（93）：赋值目标是只读目标"。

赋值指令的格式为 DATA:=Value；DATA 是指将被分配新值的数据，Value 指期望的新值，可以是具体的值或数据对象，也可以是一个算术表达式。DATA 所允许的数据类型为全部数据类型，Value 的数据类型要与 DATA 的数据类型一致。由于赋值指令适用于全部数据类型的特点，使得它成为 RAPID 编程语言使用频率最高的指令之一。

表 8-1 是对一些常见数据类型使用赋值指令的例子。

表 8-1

数 据 类 型	指令应用示例
bool	ok_flage:=true 将 ok_flage 的值指定为 true
num	reg1:=2*reg2+reg3-5; 将 reg1 的值指定为 2*reg2+reg3-5 的结果
tooldata	newtool.tframe.trans.x:= newtool.tframe.trans.x+10; 将 newtool 的 TCP 在 X 轴方向上移动 10mm
wobjdata	Wobject1.uframe.z:= Wobject1.uframe.z-20; 将工件坐标系 wobject1 的用户坐标框架的原点往 Z 轴方向移动 -20mm
数组元素	Arry{5,8} := 3; 将数组元素 Arry{5,8} 的值指定为 3

下面以使用示教器在程序编辑界面输入 ok_flage:=true；指令语句为例，演示如何将赋值指令应用于不同的数据类型，输入步骤如下：

1 单击【添加指令】—2 单击【:=】指令—3 单击【更改数据类型 …】—4 单击【bool】—5 单击【确定】—6 单击【新建】—7 在【名称】项输入【ok_flag】—8 单击【确定】—9 单击【:=】右侧的【<EXP>】—10 单击【TRUE】—11 单击【确定】，如图 8-1～图 8-6 所示。

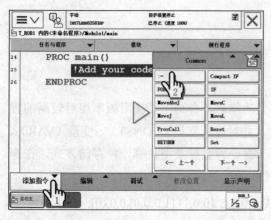

图 8-1

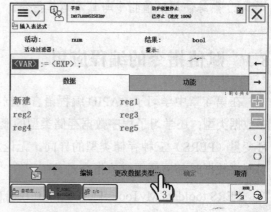

图 8-2

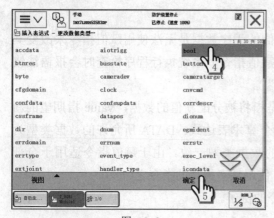

图 8-3

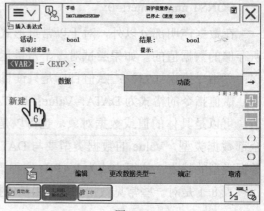

图 8-4

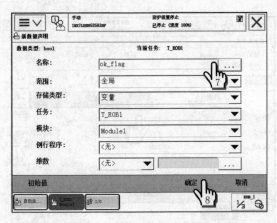

图　8-5

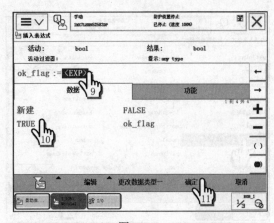

图　8-6

　以上是对布尔量类型的数据使用赋值指令，对其他数据类型使用赋值指令的操作方法是一样的，只需在第 4 步选择其他的数据类型即可。

下面以使用示教器在程序编辑界面输入 reg1:=2*reg2+reg3-5；指令语句为例，演示如何在 RAPID 程序中输入算术表达式，输入步骤如下：

1 单击【添加指令】—2 单击【：=】指令—3 单击【更改数据类型 ...】—4 单击【num】—5 单击【确定】—6 单击【reg1】—7 单击【：=】右侧的【<EXP>】—8 单击右侧的【+】三次添加 3 个运算符号—9 从左至右将 3 个运算符依次由 "+" 修改为 "*、+、-"—10 从左至右将 4 个 "<EXP>" 依次修改为 "2、reg2、reg3、5"—11 单击【确定】，如图 8-7 ～图 8-13 所示。

如果比较熟悉 RAPID 语法规则的话，在以上第 5 步之后，也可以采取以下更简便的步骤操作：6 单击【编辑】—7 单击【全部】—8 在栏中直接输入 "reg1:=2*reg2+reg3-5；"—9 单击【确定】，如图 8-14、图 8-15 所示。

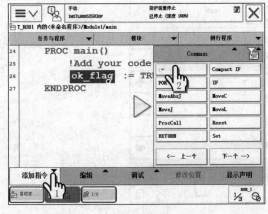

图　8-7

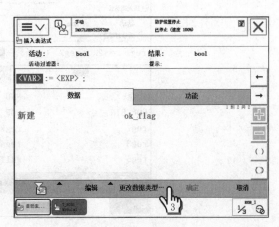

图　8-8

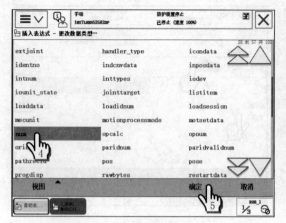

图 8-9

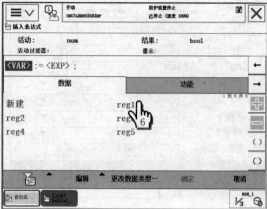

图 8-10

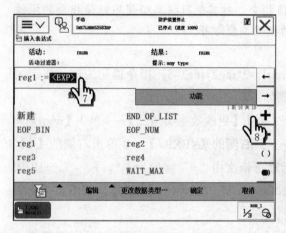

图 8-11

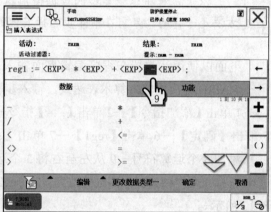

图 8-12

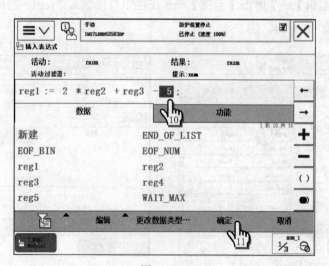

图 8-13

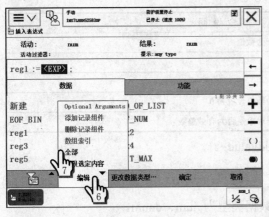

图　8-14

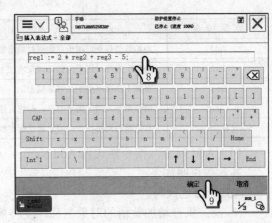

图　8-15

课堂练习

　　请使用示教器输入 ok_flage:=false; 和 reg3:=3*（reg1+reg2）-5; 两条指令语句，练习如何将赋值指令应用于不同的数据类型以及如何输入算术表达式。

8.2　数学符号、数学指令、数学函数的编程应用

　　在 8.1 节中学习输入算术表达式时遇到了很多的算术符号，使用赋值指令配合这些算术符号就能对程序数据进行各种算术运算。另外，RAPID 语言还提供了数学指令和数学函数供用户计算和修改程序数据的值。本节将对数学符号、数学指令、数学函数进行介绍。

1. 数学符号

表 8-2 列出了 RAPID 语言所提供的各种数学符号。

表　8-2

算术符号	解释说明	关系符号	解释说明
+	加号	<	小于号
-	减号，负号	<=	小于等于号
*	乘号	>	大于号
/	除号	>=	大于等于号
( )	括号，改变运算优先级	=	等于号
—	—	<>	不等于号

　　算术符号的运算优先级是：括号 > 乘除 > 加减，对于优先级相同的运算符号，左侧优先于右侧。这与我们平时数学中所学的运算符号优先级是一致的。

2. 数学指令

表 8-3 列出了 RAPID 语言所提供的部分常用的数学指令。

表 8-3

数 学 指 令	指 令 说 明
Add	增加数值指令，用于从数据对象增加一个数值
Incr	自加 1 指令，用于向数据对象增加 1
Decr	自减 1 指令，用于从对象减去 1
Clear	清除指令，用于清除对象，即将对象的数值设置为 0
Tryint	有效整数测试指令，用于测试给定数据对象是否为有效整数

（1）Add 指令　指令格式为 Add Name，Addvalue；。

各参数说明如下：

Add：指令代码。

Name：执行增加数值的对象名称，支持的数据类型为 num、dnum。

Addvalue：期望增加的值，支持的数据类型为 num、dnum、数值常数。

例 1：Add reg2,5; 将 5 增加到 num 型变量 reg2 中，等同于 reg2:=reg2+5;。

例 2：Add reg2,-reg1; 从 reg2 的数值中减去 reg1 的数值，等同于 reg2:=reg2-reg1;。

例 3：var num cont;

　　　Add cont,100;

将 100 增加到变量 cont 中，等同于 cont:=cont+100;。

（2）Incr 指令　指令格式为 Incr Name;。

各参数说明如下：

Incr：指令代码。

Name：执行自加 1 的数据对象的名称，支持的数据类型为 num、dnum。

例：Incr reg1; 将 reg1 的数值增加 1，等同于 reg1:=reg1+1;。

（3）Decr 指令　指令格式为 Decr Name;。

各参数说明如下：

Decr：指令代码。

Name：执行自减 1 的数据对象的名称，支持的数据为 num、dnum。

例：Decr reg1; 将 reg1 的数值减去 1，等同于 reg1:=reg1-1;。

（4）Clear 指令　指令格式为 Clear Name;。

各参数说明如下：

Clear：指令代码。

Name：执行清除数值的数据对象的名称。

例：Clear reg1; 将 reg1 的值清除为 0，等同于 reg1:=0;。

（5）Tryint 指令　指令格式为 Tryint Name;。

各参数说明如下：

Tryint：指令代码。

Name：执行整数有效性测试的数据对象的名称。

例：reg1:=3.14;

　　　Tryint reg1;

测试 reg1 是否为有效整数，如果是则往下执行；如果不是则引发执行错误，需要由错误处理器内的指令处理，本例将引发执行错误。

随着控制器系统软件版本的更新，RAPID 语言所提供的指令也不断增加，图 8-16 中对比了 ROBOTWARE5.61 与 ROBOTWARE6.06 所提供的数学指令数量差异。对于新增的指令可通过查询官方最新公布的技术参考手册，了解其指令格式与指令用途。

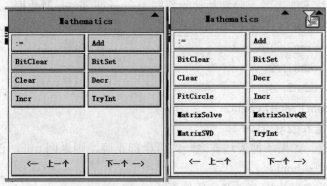

ROBOTWARE 5.61　　　　　ROBOTWARE 6.06

图　8-16

3. 数学函数

函数不同于指令，指令自成语句，而函数不能自成语句。函数可以视作一个会返回特定数据类型数据对象的一个指令封装，我们只需了解函数的功能、数据类型、格式即可，无须关注封装之内是如何构成的，甚至可以将整个函数表达式视作一个指定类型的数据对象。表 8-4 中列出了 RAPID 语言所提供部分常用数学函数，欲掌握更多的 RAPID 函数可查阅 RAPID 语言技术参考手册。

表　8-4

数 学 函 数	函 数 说 明
DIV	整数商函数，用于求被除数除以除数的整数商
MOD	模数函数，用于求被除数除以除数的模数
OR	或函数，如果条件表达式之一或者全部正确，则返回 true，否则返回 false
AND	与函数，如果条件表达式全部正确，则返回 true，否则返回 false
NOT	非函数，将布尔型数据对象的值转换为相反的值
Abs	绝对值函数，用于获取绝对值，即数值数据的正值
Sin	正弦函数，用于计算一个角度值的正弦值

（1）DIV 整数商函数　用于求被除数除以除数的整数商。

返回值数据类型：num 或 dnum。

语法格式：< 被除数 > DIV < 除数 >。

限制条件：除数不能为零，除数与被除数同为 num 或 dnum 型数据。

例 1：reg2:=17 DIV 5;

执行后的结果是 reg2 的值为 3。

例 2：var num count1:=9;

　　　var num count2:=4;

　　　reg2:=count1 DIV count2;

执行后的结果是 reg2 的值为 2。

（2）MOD 模数函数　用于求被除数除以除数的模数。

返回值数据类型：num 或 dnum。

语法格式：＜被除数＞MOD＜除数＞。

限制条件：除数不能为零，除数与被除数同为 num 或 dnum 型数据。

例 1：reg2:=17 MOD 5;

执行后的结果是 reg2 的值为 2。

例 2：var num count1:=9;

　　　　var num count2:=4;

　　　　reg2:=count1 MOD count2;

执行后的结果是 reg2 的值为 1。

（3）OR 或函数　如果条件表达式之一或者全部正确，则返回 true，否则返回 false。

返回值数据类型：bool。

语法格式：＜条件表达式 1＞OR＜条件表达式 2＞。

限制条件：条件表达式 1 与条件表达式 2 同为 bool 型数据。

例 1：var bool flag1;

　　　　flag1:=5<3 OR 3<4;

执行后的结果是 flag1 的值为 true。

例 2：var num num1;

　　　　var string string1;

　　　　var bool bool1;

　　　　bool1:=string1= "good" OR num1<12;

如果 string1 为 "good" 或者 num1<12，bool1 的值为 true。

（4）AND 与函数　如果条件表达式全部正确，则返回 true，否则返回 false。

返回值数据类型：bool。

语法格式：＜条件表达式 1＞AND＜条件表达式 2＞。

限制条件：条件表达式 1 与条件表达式 2 同为 bool 型数据。

例 1：var bool flag1;

　　　　flag1:=5<3 AND 3<4;

执行后的结果是 flag1 的值为 false。

例 2：var num num1;

　　　　var string string1;

　　　　var bool bool1;

　　　　bool1:=string1= "good" AND num1<12;

如果 string1 为 "good" 且 num1<12，bool1 的值为 true。

（5）NOT 非函数　将布尔型数据对象的值转换为相反的值。

返回值数据类型：bool。

语法格式：NOT＜取非对象＞。

限制条件：取非对象为 bool 型数据。

例 1：var bool bool1;

　　　　var bool bool2;

　　　　　　bool1:=NOT bool2;

如果 bool2 为 true，则 bool1 为 false；如果 bool2 为 false，则 bool1 为 true。

例 2：var bool a;

　　　　　var bool b;

　　　　　var bool c;

　　　　　c:=a AND NOT b;

如果 a 为 true，且 b 为 false，则 c 的值为 true。

（6）Abs 绝对值函数　用于获取绝对值，即数值数据的正值。

返回值数据类型：num。

语法格式：Abs(< 取绝对值对象 >)。

限制条件：取绝对值对象为 num 型数据。

例：var num cont1:=−3.14;

　　　reg1:=Abs(cont1);

执行结果是 reg1 的值为 3.14。

（7）Sin 正弦函数　用于计算一个角度值的正弦值。

返回值数据类型：num，范围 =【−1,1】。

语法格式：Sin(角度值)。

限制条件：角度值的单位为（°）。

例：var num value;

　　　var num angle:=30;

　　　value:=Sin(angle);

执行结果是 value 的值为 0.5。

8.3　程序数据界面与程序数据的相关操作

　　RAPID 语言编程中所用到的程序数据都需要先声明再使用。控制系统为了方便用户使用，预先声明了一些程序数据，比如 num 型的 reg1、speeddata 型的 v1000、zonedata 型的 z10 等。前面章节中用到的程序数据，都是在程序编辑界面通过新建的方式来声明的。

　　除了在程序编辑界面新建程序数据外，还可以在程序数据界面新建程序数据。在第 4.3.3 节介绍过如何在程序数据界面查看程序数据的值，本节将介绍如何在程序数据界面新建程序数据、修改数据的声明参数、修改数据的值。

　　下面以创建一个名为 str_new 的字符串型（string）全局变量数据为例，演示如何在程序数据界面创建程序数据。创建 str_new 的操作步骤如下：

　　1 单击 ABB 菜单—2 单击【程序数据】—3 单击【视图】—4 单击【全部数据类型】—5 双击【string】—6 单击【新建 …】—7 在【名称】一栏填入 "str_new"，在【范围】一栏填入 "全局"，在【存储类型】一栏填入 "变量"，其余栏保留默认值—8 单击【确定】，如图 8-17 ～图 8-20 所示。

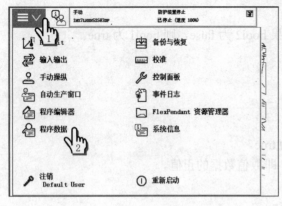

图 8-17

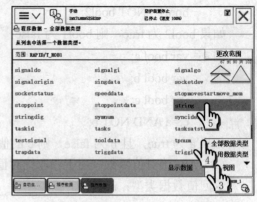

图 8-18

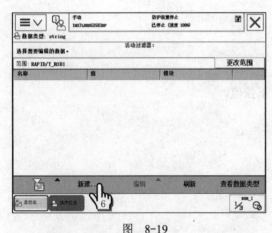

图 8-19

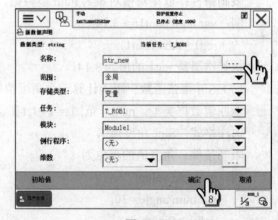

图 8-20

在图 8-18 所示的界面中，列出了 RAPID 语言所有系统已定义的数据类型，通过界面中右侧的箭头图标可以上下滚动界面查看各数据类型，所有的数据类型按首字母排序。

在图 8-20 所示的界面中，列出了声明一个程序数据所需的各项参数。表 8-5 对这些声明程序数据所需的参数进行了简单的解释。

表 8-5

声 明 参 数	参数说明描述
数据类型	程序数据的类型，声明时必须首先指定程序数据的数据类型
名称	程序数据的标识符，需遵循 RAPID 语言标识符的规则（参见 4.3.1）
范围	程序数据的有效范围，由大到小，有全局、任务、本地三个范围层次
存储类型	声明程序数据时必须知道存储类型，否则控制系统无法为其分配存储内存
任务	程序数据声明语句所在的任务（ABB 机器人控制系统可支持多任务）
模块	程序数据声明语句所在的模块
例行程序	程序数据声明语句所在的例行程序，如果指定该项参数，则有效范围为本地
维数	创建数组时使用，指定素组的维数和各维度的大小

下面以将程序数据 str_new 的存储类型修改为可变量、其值修改为"HELLO ABB"为例，

演示如何在程序数据界面修改程序数据的声明参数和修改程序数据的值。操作步骤为：1 单击 ABB 菜单—2 单击【程序数据】—3 单击【视图】—4 单击【已用数据类型】—5 双击【string】—6 单击【str_new】—7 单击【编辑】—8 单击【更改声明】—9 在声明参数页面，将存储类型更改为【变量】—10 单击【确定】—11 单击【编辑】—12 单击【更改值】—13 在输入框中输入"HELLO ABB"—14 单击【确定】，如图 8-21～图 8-26。

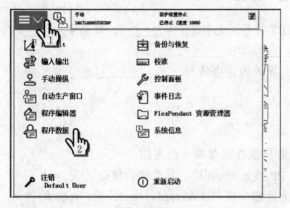

图 8-21

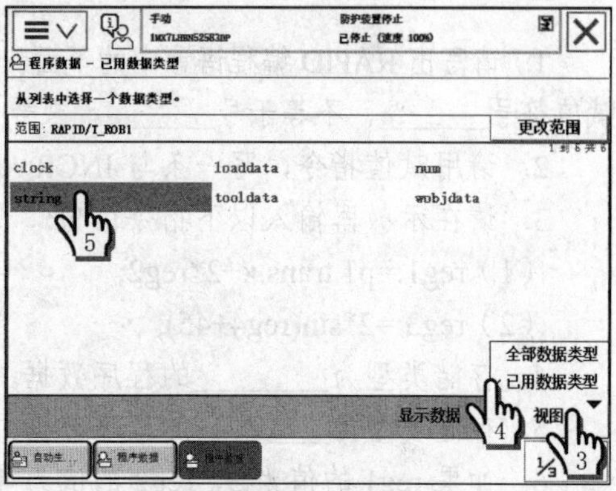

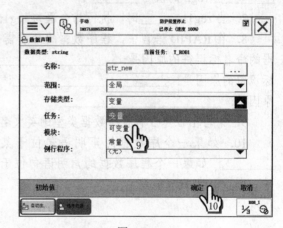

图 8-22

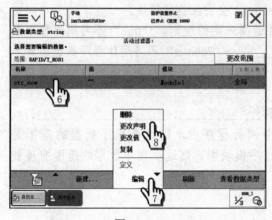

图 8-23

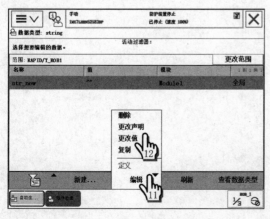

图 8-24

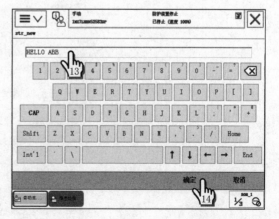

图 8-25

图 8-26

在程序数据界面修改 Robtarget 型数据的值或修改位置时，需要小心谨慎，必须确认当前活动的工件坐标系和工具坐标系是示教该位置数据所需的坐标系才能进行修改操作，否则会得到与预期不相符的效果。

课后练习题

1. 请写出 RAPID 编程语言中的下面一些数学符号，大于等于号_____，等于号_____，赋值符号_____，不等于号_____，乘号_____，除号_____。

2. 请用赋值指令，写一条与 INCR reg1; 等效的指令语句：_____。

3. 请在示教器输入以下指令语句：

（1）reg1:=p1.trans.x+2*reg2;

（2）reg3:=2*sin(reg4+45);

4. 存储类型为_____的程序数据，不能出现在赋值符号的左侧。

5. 存储类型为_____的程序数据，当 PP 移至 main 后，其存储的值会丢失。

6. 如果 reg1 的值为 5，reg2 的值为 4，执行指令语句 Add reg1，reg2; 后，reg1 的值为_____，reg2 的值为_____。

7. 当 reg1=_____时，执行指令语句 reg1:=1/reg1 会发生执行错误。

8. 在 RAPID 语言中，程序数据的命名需要遵循一定的规则，"true"不可用作程序数据的命名标识符的原因是：_____；"7conter"不可用作程序数据的命名标识符的原因是：_____；"flag2#"不可用作程序数据的命名标识符的原因是：_____。

9. 请写出任意 5 种程序数据类型的英文名称_____、_____、_____、_____、_____。

10. 如果一个序数据的声明语句位于某个例行程序中，则这个程序数据的范围是_____；如果一个程序数据的声明语句位于程序模块中，则这个程序数据的范围有可能是_____，也有可能是_____。

第 9 章

流程控制类指令的编程应用

○ **知识要点** ────────────────────────

1. Compact IF、IF 指令的使用区别
2. FOR、WHILE、TEST 指令的使用
3. GOTO、LABEL 指令的使用方法
4. STOP、ProcCall、RETURN 指令的使用

○ **技能目标** ────────────────────────

1. 了解 compact if、IF 指令的使用区别
2. 熟悉 FOR、WHILE、TEST 等指令的使用
3. 熟悉除 STOP 之外的停止指令

9.1 Compact IF、IF 指令

Compact IF、IF 都是条件判断指令，但是在使用上，它们有很大的区别。

1. Compact IF（如果满足条件，那么…）

Compact IF 也被称为"紧凑型"条件判断指令，因为它根据判断只能执行一个指令。指令的使用格式为

$$IF < 条件表达式 >< 指令 >;$$

使用实例 1：

IF count>8 set do1;

说明：如果 count>8，则置位 do1 信号。

使用实例 2：

IF flag1=TRUE GOTO LI;

说明：如果 flag1=TRUE，则跳转至标签 LI。

2. IF（如果满足条件，那么…；否则…）

IF 条件判断指令可以进行多重判断，根据不同的满足条件，执行相对应的指令。指令的使用格式为

$$IF < 条件表达式 >THEN$$
$$< 指令 >$$
$$ELSEIF< 条件表达式 >THEN$$
$$< 指令 >$$
$$ELSE$$
$$< 指令 >$$
$$ENDIF$$

使用实例 1：
IF reg1 > 0 AND reg1<10 THEN
　　Set do1;
ELSEIF reg1>=10 THEN
　　Reset do1;
ELSE
　reg1:= 0;
ENDIF
说明：如果 0<reg1<10，则把 do1 置 1；如果 reg1 ≥ 10，则重置 do1。
使用实例 2：
IF flag1 =TRUE THEN
　　reg1:=reg1+1;
ENDIF
说明：如果 flag1 等于 true，则 reg1 加 1。

9.2　FOR 指令

FOR（重复给定的次数）指令也称为循环指令，当一个或多个指令需重复多次时使用。其使用格式如下：FOR< 循环计数器数据名称 >FROM< 起始值 > TO< 结束值 >[STEP< 步长值 >]DO
< 指令 >；
ENDFOR

小贴士　　循环计数器的数据名称不需要提前定义，其为 num 型数据。

使用实例 1：
FOR i FROM 1 TO 10 DO
　　routine1;
ENDFOR
说明：重复例行程序 routine1 10 次，其中步长值 step 默认为 1。
使用实例 2：
FOR p FROM 2 TO 10 step 2 DO
　　routine1;
ENDFOR
说明：例行程序 routine1 重复 5 次，因为步长值 step 为 2，所以 p 的值依次为 2、4、6、8、10。
使用实例 3：
FOR p FROM 10 TO 2 step −2 DO
　　routine1;
ENDFOR
说明：重复例行程序 routine1 5 次，因为步长值 step 为 −2，所以 p 的值依次为 10、8、6、4、2。

小贴士　　　如果循环计数器的数值在起始值和结束值的范围之外，则指针跳出 FOR 循环，程序继续执行紧接 ENDFOR 的指令。

9.3　WHILE 指令

WHILE（只要…便重复）：只要给定条件表达式评估为 TRUE 值，就会一直执行循环内的语句。该指令的使用格式为

$$WHILE < 条件表达式 > DO$$
$$\vdots$$
$$ENDWHILE$$

使用实例 1：

WHILE reg1<8 DO

$\vdots$

reg1:=reg1+1;

ENDWHILE

说明：只要 reg1<8 条件成立，则一直执行循环内的语句，否则跳出 WHILE 循环。

使用实例 2：

WHILE TRUE DO

……

ENDWHILE

说明：如果条件一直处于成立状态，则循环内语句无限循环。这种使用实例经常被用于与初始化程序进行隔离。

小贴士　　　如果表达式值在开始时即为 FALSE，则不执行 WHILE 内的语句。如果可以确定重复的次数，也可以使用 FOR 指令。

9.4　TEST 指令

TEST（根据表达式的值…）指令可以对表达式或数据的多个值进行判断，根据不同的值执行相对应的指令。该指令的使用格式为

$$TEST < 表达式或数据 >$$
$$CASE< 值 >:$$
$$\vdots$$
$$CASE< 值 >:$$
$$\vdots$$
$$DEFAULT:$$
$$\vdots$$
$$ENDTEST$$

使用实例 1：

TEST reg1

CASE 1:

 MOVL p10,v1000,fine,tool1;

CASE 2,3:

 MOVL p20,v1000,fine,tool1;

DEFAULT:

 stop;

ENDTEST

说明：对 reg1 的值进行判断，如果为 1，则线性移动至 p10 点；如果为 2 或 3，则线性移动至 p20 点，否则机器人停止运行。

使用实例 2：

TEST go1

CASE 2:

 routine1;

CASE 6:

 Routine2;

CASE 7:

 Routine3;

DEFAULT:

 TPWrite" waiting！"

 stop;

ENDTEST

说明：对组输出信号 go1 的值进行判断，如果为 2，则执行例行程序 routine1；如果为 6，则执行例行程序 routine2；如果为 7，则执行例行程序 routine3，否则写屏"waiting ！"并停止。

小贴士

1. TEST 指令可以添加多个"CASE"，但只能有一个"DEFAULT"。
2. TEST 可以对所有数据类型进行判断，但是进行判断的数据必须拥有值。
3. 如果并没有太多的替代选择，则亦可使用 IF…ELSE 指令。

9.5 GOTO、LABEL 指令

在程序运行中，如果要将程序执行转移到相同程序内的另一线程，可以用 GOTO 和 LABEL 组成的跳转标签指令实现。

1. GOTO（转到新的指令）

GOTO 用于将程序执行转移到相同程序内的另一线程（标签）。

2. LABEL（线程名称）

LABEL 用于命名程序的指令。

如果程序执行到 GOTO 指令，则程序的执行将会直接跳转至相对应的 LABEL 处，并执行 LABEL 后的指令。

使用实例 1：

MoveL pPlace, v1000, fine, tool1;

Reset do1;

WaitTime 0.5;

GOTO Pick;

…

Pick:

说明：线性移动至放置点 pPlace 后，复位输出信号 do1，然后等待 0.5s，程序再移动至名为 Pick 的标签处继续执行。

使用实例 2：

IF reg1 < 9 THEN

　　GOTO L1;

ELSE

　　GOTO ST;

ENDIF

L1:

…

ST:

…

说明：如果 reg1 的值小于 9，则程序跳转至名为 L1 的标签处继续执行，否则跳转至名为 ST 的标签处继续执行。

使用实例 3：

reg1 := 1;

next:

…

reg1 := reg1 + 1;

IF reg1<=5 GOTO next;

说明：如果 reg1 的值小于等于 5，则跳转至名为 next 的标签处继续执行 "…" 所代表的程序。这个实例中，"…" 所代表的程序总的会被执行 5 次（reg1=1、2、3、4、5 时各执行一次）。

小贴士	1. LABEL 需要先进行创建才能在使用 GOTO 指令时直接进行选择。
	2. GOTO 指令限制：仅能将程序执行转移到相同程序内的一个标签。
	3. LABEL 的名称创建具有唯一性：不能与程序内其他标签名相同，不能与程序内的所有数据名称相同。

9.6　STOP 指令

STOP（停止程序执行）指令用于停止程序执行。在 STOP 指令就绪之前，将完成当前执行的所有移动。该指令的使用格式为

Stop [\NoRegain] | [\AllMoveTasks];

如果 STOP 指令使用变量 \NoRegain，当机械臂和外轴已远离停止位置时，则不会再返回；如果不使用变量 \NoRegain，当机械臂和外轴已逐渐远离停止位置时，则会进行相关提示，

用户可选择是否返回停止位置。

如果 STOP 指令使用变量 \AllMoveTasks，则所有运行中的普通任务都将停止；如果不使用变量 \AllMoveTasks，则仅停止该指令所在任务中的程序。

使用实例 1：

TPErase;

TPWrite "Restart Error!";

Stop;

说明：示教器显示屏输出"Restart Error!"消息后，停止程序执行。

使用实例 2：

MoveL p1, v500, fine, tool1;

TPWrite "Jog the robot to the position for pallet corner 1";

Stop \NoRegain;

p1_read := CRobT(\Tool:=tool1 \WObj:=wobj0);

MoveL p2, v500, z50, tool1;

说明：通过位于 p1 的机械臂，停止程序执行。运算符点动，机械臂移动至 p1_read。关于下一次程序启动，机械臂并未恢复至 p1，因此，可将位置 p1_read 存储在程序中。

> 小贴士
>
> STOP、EXIT、BREAK 都有停止程序运行的含义，但它们之间又各有区别，具体为：
>
> 1. STOP 指令用于临时停止程序执行，程序指针会保留，并且还可以继续运行。
>
> 2. EXIT 指令用于永久地停止程序执行，程序指针会消失，要继续执行程序需重置程序指针。
>
> 3. BREAK 指令是指中断程序执行，无论机械臂是否到达目标点，机械臂立即停止运动。

使用过滤器快速找到需要使用的指令：在刚学会的几个指令中，会发现像 STOP、GOTO、LABEL 指令无法在示教器的常用指令栏"Common"中找到，除非自己很熟悉，不然一个个查找会很烦琐。其实，如果是 Robotware 6.06 以上的版本，可以直接用过滤器功能进行搜索。下面介绍如何用过滤器对 STOP 指令进行搜索。

具体步骤为：1 单击【添加指令】—2 单击右上角过滤器图标—3 在输入栏输入"stop"—4 单击【过滤器】即可显示搜索结果（图 9-3）—5 单击【清除】—6 单击【过滤器】即可对过滤器进行隐藏，如图 9-1 ～图 9-4 所示。

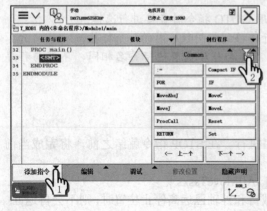

图 9-1　　　　　　　　　　　　　　图 9-2

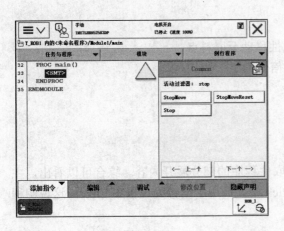

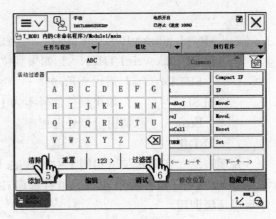

图　9-3　　　　　　　　　　　　　　　　图　9-4

小贴士　　使用过滤器后，其他指令会被过滤器遮盖，如果要添加其他指令，需要先参照上面第 5、6 步对过滤器进行隐藏。

9.7　ProcCall 指令

ProcCall（调用新程序）指令用于将程序执行转移至另一个无返回值程序（也称为子程序），当子程序执行完毕后，再回到原来的程序继续执行。

在程序的编辑中，通过用 ProcCall 指令来调用子程序可以极大地精简主程序的结构，让整体程序结构清晰明了。下面通过实例向大家进行说明：

使用实例 1：

```
PROC main()      ! 主程序
    rInitAll;    ! 调用初始化程序
    rHome;       ! 调用回原点程序
    WHILE TRUE DO      ! 进入无限循环
        IF DI_01=1 THEN     ! 如果收到启动信号
            rPick;          ! 调用取件程序
            rSanding;       ! 调用打磨程序
            rWorking;       ! 调用加工程序
            rPut;           ! 调用放件程序
        ENDIF         ! IF 语句结束标识
        WaitTime 0.1;       ! 等待 0.1s
    ENDWHILE    ! 循环语句结束标识
ENDPROC          ! 程序结束标识
```

说明：以上程序是一个打磨加工程序的主程序，其把整个流程细分至对应的子程序，再通过 ProcCall 指令进行调用，使整个程序主体结构清晰明了，同时也便于后续的编辑调试。

使用实例 2：

PROC rPick()　　! 取件程序

147

```
……
MoveL pPick,v1000,fine,tool1;    ！线性移动至取料点
IF DI_2daowei=1 THEN    ！如果到位信号为1
  SET DO_1;  ！启用夹爪
ELSE          ！如果到位信号不为1
  Error;    ！调用出错处理程序
ENDIF
```

说明：这个实例是使用实例 1 中的 rPick 取件程序的部分展开内容。综合可以看出，主程序 mian 调用了取件程序 rPick，取件程序 rPick 中又调用了出错处理程序 Error，这说明程序可以逐级调用。

小贴士   程序可相互调用，并反过来调用另一个程序。程序亦可自我调用，即递归调用。允许的程序等级取决于参数数量。通常允许 10 级以上。

9.8　RETURN 指令

RETURN（返回例行程序）指令用于当此指令被执行时，则马上结束本例行程序的执行，程序指针返回调用操作的例行程序的调用指令位置的下一行。

使用实例 1：

```
PROC main()
  reg1 := 1;
  Routine1;
  reg1 := 6;
ENDPROC

PROC Routine1()
  reg1 := reg1 + 1;
  RETURN;
  reg1 := 3;
ENDPROC
```

说明：当程序指针从主程序自动执行到"RETURN;"时，则程序指针立即返回"reg1 := 6;"这一行并继续往下执行。而"RETURN;"后的"reg1 := 3;"则被跳过不执行。

如果不使用 RETURN 指令，则当调用的子程序 Routine1() 执行完毕后，自动返回 main() 程序。

如果 RETURN 所在程序是一个函数，则同时返回函数值。比如下面使用实例 2：

使用实例 2：

```
FUNC robtarget OFFSS(robtarget pPlace,num nX,num nY,num nZ)
  pTest.trans.x := pPlace.trans.x + nX;
  pTest.trans.y := pPlace.trans.y + nY;
```

　　pTest.trans.z := pPlace.trans.z + nZ;

　　RETURN pTest;

　　ENDFUNC

　　说明：这是一个自己做的偏移功能函数，等同于 OFFS，RETURN 返回的是 pTest 所代表的位置值。详细的功能函数介绍请参考第 10 章内容。

<table>
<tr><td rowspan="1">小
贴
士</td><td>

　　根据使用程序的不同类型，RETURN 指令的结果可能有所不同：

　　1. 主程序：如果程序拥有执行模式单循环，则停止程序。否则，通过主程序的第一个指令，继续程序执行。

　　2. 无返回值程序：通过过程调用后的指令，继续程序执行。

　　3. 函数：返回函数的值。

　　4. 软中断程序：从出现中断的位置，继续程序执行。

　　5. 无返回值程序中的错误处理器：通过调用程序以及错误处理器的程序（通过过程调用后的指令），继续程序执行。

　　6. 函数中的错误处理器：返回函数值。

</td></tr>
</table>

9.9　流程控制类指令应用示例

　　例题：rYuan 是一个画圆的例行程序名称，rFang 是一个画方形的例行程序名称，nCount 是一个 num 型的数据名称。编写程序完成以下要求：nCount 等于 1、3、5、7、9 时画方形，nCount 等于 2、4、6、8、10 时画圆，如果 nCount 大于 10 则停止运行。如图 9-5 所示。

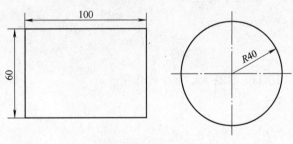

图　9-5

　　解：PROC main()

　　　　MoveJ pHome, v1000, z50, tool1;

　　　　nCount := 0;

　　　　WHILE TRUE DO

　　　　　　nCount := nCount + 1;

　　　　　　TEST nCount

　　　　　　CASE 2,4,6,8,10:

　　　　　　　　rYuan;

　　　　　　CASE 1,3,5,7,9:

　　　　　　　　rFang;

```
        DEFAULT:
            GOTO L2;
        ENDTEST
    ENDWHILE
L2:
MoveJ pHome, v1000, z50, tool1;
Stop;
ENDPROC
```

课后练习题

1. 程序 "FOR p FROM 10 TO 2 step −2 DO" 表明循环程序执行____次，其中 p 的值依次为_____。

2. TEST 指令可以添加多个 "CASE"，但只能有一个 "_____"。

3. GOTO 指令和_____指令配合组成跳转标签指令。

4. 指令 Stop \NoRegain; 中的 "\NoRegain" 含义是_____

_____。

5. 如果 RETURN 所在程序是一个函数，除了返回调用操作的例行程序外，同时还返回_____。

6. 简述 Compact IF、IF 指令的区别。

7. 请简述 STOP、EXIT、BREAK 指令的作用。

第 10 章

功能程序（函数）

❍ 知识要点

1. 理解功能程序的定义和特点
2. 掌握 Offs、CRobt 等常用功能程序
3. 掌握创建用户自定义功能程序的方法

❍ 技能目标

1. 熟练使用 Offs、CRobt 等系统预定义的功能程序
2. 掌握应用自定义功能程序，完成编程任务的方法
3. 灵活运用 RAPID 语言的各类指令，有能力完成综合编程任务
4. 积累机器人程序的编程调试技巧

10.1　ABB 功能程序（函数）

在 RAPID 语言中，程序可分为例行程序、功能程序、中断程序三类；功能程序在 ABB 官方提供的技术资料中有时又被称作函数。图 10-1 展示了声明程序时，指定程序类型的示教器界面。例行程序是一类无返回值的程序，功能程序是一类会返回特定数据类型数值的程序，中断程序是响应中断的程序。前面的章节中提到过一些功能程序，诸如 Sin、Abs 等，本章将对功能程序进行系统的介绍。

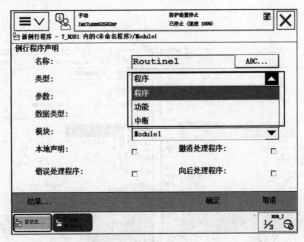

图　10-1

功能程序可分为系统内置功能程序和用户自定义功能程序，前面章节所涉及的都是系

统内置功能程序，这些内置的功能程序无须用户声明、编写，直接调用即可。用户自定义功能程序是用户自行声明、编写的功能程序与指令的不同之处在于：功能程序会返回一个数据值，可作为表达式的一部分；指令不会返回数据值，作为语句的一部分存在。

因为功能程序会返回特定类型的程序数据值，因此可以根据功能程序返回值的数据类型对功能程序进行分类。一个功能程序返回某类型的程序数据值，就称这个功能程序是某数据类型的功能程序，例如 Sin 功能程序返回 num 型数据，就称 Sin 是 num 型功能程序。当在示教器上编写程序，需要调用功能程序时，也是根据这个分类原则来找到需要的功能程序的。例如当需要在示教器上输入程序语句 reg1:=Abs(reg2)，首先要知道 Abs 功能程序的返回值数据类型，如果对于一个功能程序的返回值不了解，可以查阅 ABB 官方的技术参考手册"RAPID 指令、函数和数据类型"。

下面以输入 reg1:=Abs(reg2) 为例，为读者讲解如何在示教器中调用已知数据类型的功能程序。输入 reg1:=Abs(reg2) 的操作步骤是：1 单击【添加指令】—2 单击【:=】指令—3 赋值符号左边的 <VAR>—4 单击【reg1】—5 单击赋值符号右边的【<EXP>】—6 单击【更改数据类型 ...】—7 单击 Abs 返回值的数据类型【num】—8 单击【确定】—9 单击【功能】—10 寻找到 Abs 并单击【Abs()】—11 单击括号中的【<EXP>】—12 单击【reg2】—13 单击【确定】，如图 10-2 ～图 10-7 所示。

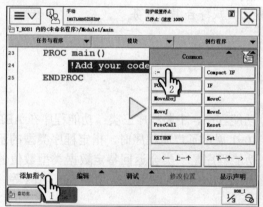

图　10-2

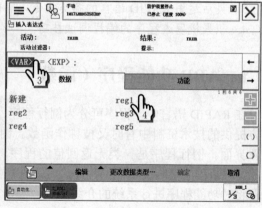

图　10-3

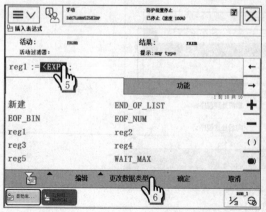

图　10-4

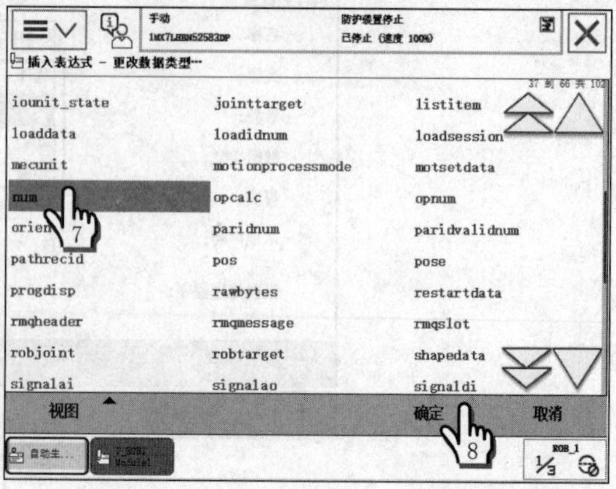

图　10-5

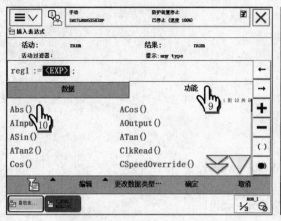

图 10-6

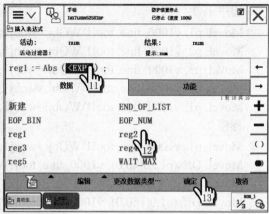

图 10-7

> **小贴士** 在示教器程序编辑器界面输入需要调用的功能程序的关键在于，在需要调用功能程序的位置处，将当前活动的数据类型切换为功能程序返回值的数据类型，然后在该数据类型的功能程序列表中寻找到需要调用的功能程序。

10.2 Offs 功能程序的编程应用

Offs 是一个 robtarget 型的内置功能程序，其作用是对一个 robtarget 型的机器人位置数据进行偏移，并返回偏移后的 robtarget 型数据值。

Offs 的语法格式为

Offs (Point ,XOffset ,YOffset ,ZOffset)

各参数说明如下：

Point：偏移基准点，robtarget 型数据。

XOffset：工件坐标系中 X 方向的位移，num 型数据。

YOffset：工件坐标系中 Y 方向的位移，num 型数据。

ZOffset：工件坐标系中 Z 方向的位移，num 型数据。

下面以两个例子来介绍 Offs 功能程序。

使用实例 1：MoveL Offs(p10,0,0,50), v1000, fine, tool0\WObj:=wobj1;

说明：在工件坐标系 wobj1 下，将机器人 tool0 的 TCP 移动至 p10 点往 Z 轴方向偏移50mm 的位置处。

使用实例 2：p20 := Offs(p10,50,0,0);

说明：将 p10 往 X 轴方向偏移 50mm 后的位置数据值赋给 p20。

Offs 是一个非常实用的功能程序，合理使用 Offs，能够大大减少一个程序中需要示教的点位。例如，在图 10-8 中，目标点 p1、p2、p3、p4 是矩形的四个顶点，相对位置关系固定，现需要编写程序使 tool1 的 TCP 沿图中的矩形轨迹运动。下面的程序 1 和程序 2 都能够完成任务要求，但程

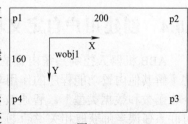

图 10-8

序 1 需要示教 4 个目标点，程序 2 由于使用了 Offs 功能程序仅需要示教 1 个目标点。

程序 1：

MoveL p1, v1000, fine, tool1\WObj:=wobj1;

MoveL p2, v1000, fine, tool1\WObj:=wobj1;

MoveL p3, v1000, fine, tool1\WObj:=wobj1;

MoveL p4, v1000, fine, tool1\WObj:=wobj1;

MoveL p1, v1000, fine, tool1\WObj:=wobj1;

程序 2：

MoveL p1, v1000, fine, tool1\WObj:=wobj1;

MoveL Offs(p1,200,0,0), v1000, fine, tool1\WObj:=wobj1;

MoveL Offs(p1,200,160,0), v1000, fine, tool1\WObj:=wobj1;

MoveL Offs(p1,0,160,0), v1000, fine, tool1\WObj:=wobj1;

MoveL p1, v1000, fine, tool1\WObj:=wobj1;

10.3　CRobt 功能程序的编程应用

CRobt 是一个 robtarget 型的内置功能程序，其作用是读取机器人当前的位置数据，并返回一个 robtarget 型数据值，包含机器人当前 TCP 的 X、Y、Z 值，姿态 q1 ~ q4，轴配置等数据。CRobt 的语法格式为

CRobT ([\Tool] [\WObj])

各参数说明如下：

[\Tool]：指定用于计算的工具，tooldata 型数据，如果不指定则使用当前工具。

[\WObj]：指定用于计算的工件坐标系，wobjdata 型数据，如果不指定则使用当前工件坐标系。

对于多任务的控制系统，还有用于指定读取机器人位置数据的任务的可选变量 [\TaskRef]、[\TaskName]，在此不再介绍。下面以两个例子来介绍 CRobt 功能程序。

使用实例 1：VAR robtarget p1;

　　　　　　MoveL *, v500, fine, tool1;

　　　　　　p1 := CRobT(\Tool:=tool1 \WObj:=wobj0);

说明：读取机器人当前的位置数据，并存储于 p1 中，tool1、wobj0 用于计算位置。需要注意的是，为保证读取数据的准确性，读取机器人位置前机器人应是静止的，所以前一条运动指令应当使用转弯半径 fine。

使用实例 2：MoveL *, v500, Fine, tool1;

　　　　　　MoveL Offs(CRobT(),0,0,50), v1000, Fine, tool0;

说明：从当前位置 * 处，往坐标系的 Z 轴方向线性偏移 50mm，使用当前激活的工具和工件坐标进行位置计算。

10.4　创建用户自定义功能程序

ABB 机器人控制系统内置的功能程序非常多，对于其他内置功能程序不再逐一介绍，想了解其他内置功能程序的作用与用法，请查阅 ABB 官方提供的技术参考手册 "RAPID 指令、函数和数据类型"。智通教育公司提供的教学设备中附有 ABB 机器人的说明书光盘，可联系任课老师获取相关说明书手册。

除了系统内置的功能程序外，用户还可以自行声明、编写功能程序。下面展示了一个用户自定义的功能程序，程序的作用是比较两个 num 型数据的大小，并返回数值较大的那

个程序数据，若两数相等则返回 0。

　　　　FUNC num which_bigger(INOUT num num1,INOUT num num2)

　　　　　　IF num1 > num2 THEN

　　　　　　　　RETURN num1;

　　　　　　ELSEIF num2 > num1 THEN

　　　　　　　　RETURN num2;

　　　　　　ELSE

　　　　　　　　RETURN 0;

　　　　　　ENDIF

　　　　ENDFUNC

　　下面以声明上述用户自定义功能程序 which_bigger 为例，讲解在程序编辑器界面如何声明用户自定义功能程序。声明的步骤是：1 单击【例行程序】—2 单击【文件】—3 单击【新建例行程序】—4 输入名称“which_bigger”—5 类型选择为【功能】—6 单击参数后面的【...】—7 单击【添加】—8 单击【添加参数】—9 输入参数名“num1”—10 单击【确定】—11【数据类型】设定为【num】—12 参数【模式】设定为【输入/输出】—13 单击【添加】—14 单击【添加参数】—15 输入参数名“num2”—16 单击【确定】—17 参数【数据类型】设定为【num】—18 参数【模式】设定为【输入/输出】—19 单击【确定】—20 单击【确定】，如图 10-9 ～图 10-19 所示。

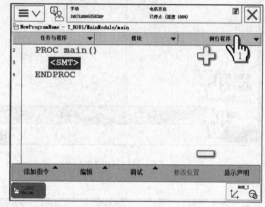

图　10-9

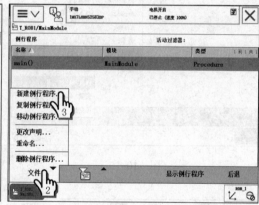

图　10-10

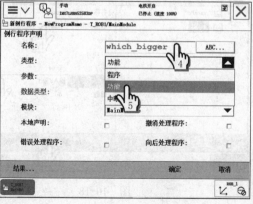

图　10-11

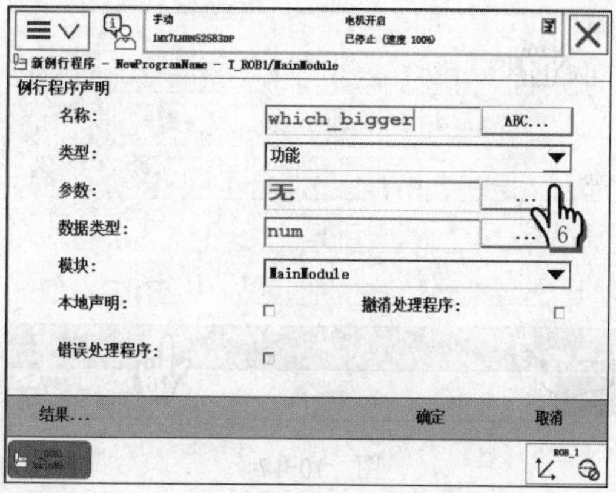

图　10-12

155

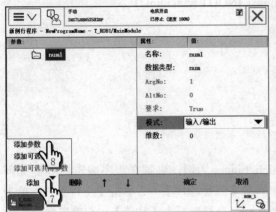

图 10-13

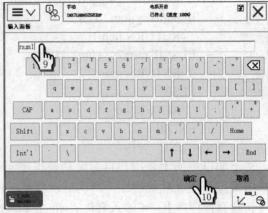

图 10-14

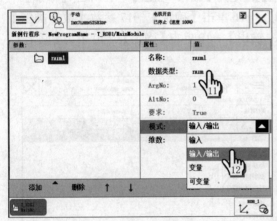

图 10-15

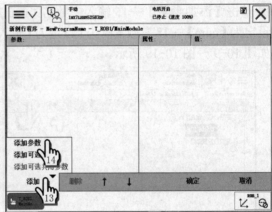

图 10-16

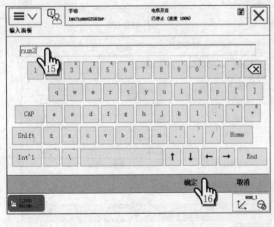

图 10-17

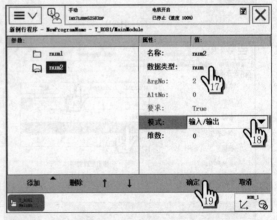

图 10-18

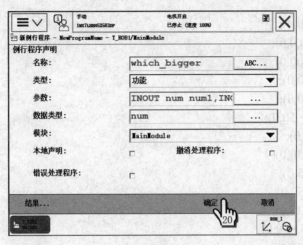

图 10-19

完成用户自定义功能程序的声明后，就可以对用户自定义功能程序进行编写，操作方法与例行程序的操作方法相同。完成用户自定义功能程序的编写，就可以调用自定义的功能程序，调用方法与内置功能程序的调用方法相同。

10.5 功能程序编程应用示例

为了巩固对功能程序的理解，下面给出一些功能程序的编程应用示例。期望通过这些示例，读者能够熟练掌握系统内置功能程序和自定义功能程序的编程应用。

例 1：现有如图 10-20 所示的轨迹，请编写程序，使程序运行时 TCP 沿该轨迹运动，要求只能示教一个目标点。

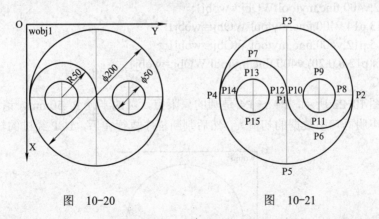

图 10-20   图 10-21

解：经过对图 10-20 中的图形进行简单分析，可发现，如果对图 10-21 中的 P1 ～ P15 这 15 个目标点进行示教，即可以用 MOVEJ、MOVEC 等指令再现轨迹。因为题目中要求只允许示教 1 个目标点，所以还需要通过一个点搭配对应的偏移值，将其余各点表示出来。经过观察，发现 P1 点搭配对应的偏移值，能够很方便地将其他点表示出来。因此可以用下面给出的程序（已省略程序数据声明语句），完成例 1 的编程任务。

```
PROC main()
P2:=offs(p1,0,100,0);
P3:=offs(p1,-100,0,0);
P4:=offs(p1,0,-100,0);
P5:=offs(p1,100,0,0);
P6:=offs(p1,50,50,0);
P7:=offs(p1,-50,-50,0);
P8:=offs(p1,0,75,0);
P9:=offs(p1,-25,50,0);
P10:=offs(p1,0,25,0);
P11:=offs(p1,25,50,0);
P12:=offs(p1,0,-25,0);
P13:=offs(p1,-25,-50,0);
P14:=offs(p1,0,-75,0);
P15:=offs(p1,25,-50,0);
MoveJ offs(p2,0,0,20),v400,fine,mytool\WObj:=wobj1;
MoveJ p2,v400,fine,mytool\WObj:=wobj1;
MoveC p3,p4,v400,fine,mytool\WObj:=wobj1;
MoveC p5,p2,v400,fine,mytool\WObj:=wobj1;
MoveC p6,p1,v400,fine,mytool\WObj:=wobj1;
MoveC p7,p4,v400,fine,mytool\WObj:=wobj1;
MoveJ offs(p8,0,0,20),v400,fine,mytool\WObj:=wobj1;
MoveJ p8,v400,fine,mytool\WObj:=wobj1;
MoveC p9,p10,v400,fine,mytool\WObj:=wobj1;
MoveC p11,p8,v400,fine,mytool\WObj:=wobj1;
MoveJ offs(p12,0,0,20),v400,fine,mytool\WObj:=wobj1;
MoveJ p12,v400,fine,mytool\WObj:=wobj1;
MoveC p13,p14,v400,fine,mytool\WObj:=wobj1;
MoveC p15,p12,v400,fine,mytool\WObj:=wobj1;
MoveJ offs(p12,0,0,20),v400,fine,mytool\WObj:=wobj1;
ENDPROC
```

例 2：如图 10-22 所示，P1 ～ P4 是圆的象限点，圆的半径 R=50mm，请阅读下面一段程序（已省略声明语句中数据的初值），然后判断程序执行完后，TCP 经过的轨迹是怎样的。

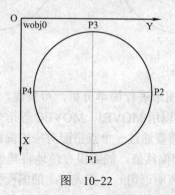

图 10-22

```
PERS robtarget p3:=[......];
PERS robtarget p4:= [......];
PERS robtarget p1:=[ [......];
PERS robtarget p2:= [......];
PROC main()
FOR angle FROM 0 TO 180 STEP 9 DO
    MoveJ p3,v400,fine,MyTool;
    MoveC Offs(p4,0,50*(1−Cos(angle)),50*sin(angle)),p1,v400,fine,MyTool;
    MoveC Offs(p2,0,−50*(1−Cos(angle)),−50*Sin(angle)),p3,v400,fine,MyTool;
ENDFOR
ENDPROC
```

解：main 程序内只有一个 FOR 循环体，循环体内的三条运动指令可以再现一个圆形。点 P1、P2、P3、P4 所在的圆半径 R=50mm，因此第一条圆弧指令中的 P4 点的 Y 方向偏移量 50*（1-Cos(angle)）可以视作，圆沿直径 P1P3 旋转一定度数后，P4 点旋转前后的 Y 坐标数据的差值。50*Sin(angle) 可视作，P4 点旋转前后的 Z 轴坐标数据差值。而第二条圆弧运动指令中的 −50*（1-Cos(angle)）和 −50*Sin(angle) 则是 P2 点旋转前后在 Y 轴、Z 轴方向的坐标数据差值，示意图如图 10-23 所示。θ 以 9°为增量，由 0 增加到 180°，因此上述程序执行效果相当于圆 P1P2P3P4 绕直径 P1P3 旋转 21 次，程序运行结束后机器人 TCP 经过的轨迹为图 10-24 所示的球体。

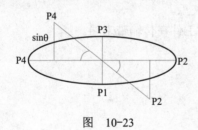

图　10-23　　　　　　　图　10-24

例 3：假设机器人当前处于静止状态，请编写一个 RAPID 程序，用以判断机器人 tool0 的 TCP 当前位置在基坐标系下的 Z 轴坐标值是否大于 500mm。如果 TCP 当前位置高度大于 500mm，则由当前位置线性运动到 P1 点，然后由 P1 点线性运动到 Phome 点。如果 TCP 当前位置高度不大于 500mm，则由当前位置直接关节运动至 Phome 点。P1、Phome 是已声明并正确示教的 robtarget 位置数据。

解：程序如下：

```
PROC main()
    p_tcp := CRobT();
    IF p_tcp.trans.z > 500 THEN
        MoveL p1, v1000, fine, tool0;
        MoveL Phome, v1000, fine, tool0;
    ELSEIF p_tcp.trans.z <= 500 THEN
        MoveJ Phome, v1000, fine, tool0;
    ENDIF
ENDPROC
```

例 4：九宫格工件搬运编程练习如图 10-25 所示，工件会在 A 位置处源源不断产生，请编写程序将 A 位置处的工件拾取放置到 B 处的料盘内，直到将料盘的九个位置放满。要求所编写的程序最多示教两个 robtarget 位置点。料盘格子的间隔尺寸如图 10-26 所示。

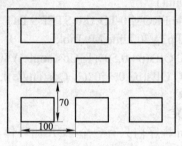

图 10-25　　　　　　　　　　　图 10-26

解：题目要求只能示教两个点位，料盘的尺寸间隔又是有规可循的，因此可以考虑使用 Offs 功能程序进行编程。

1）以料盘的右上角端点为原点，以长边为 X 轴、短边为 Y 轴，定义工件坐标系 wobj1。

2）示教拾取 A 位置工件的点为 p_pick，将夹起的工件正确放置到料盘右上角格子的位置示教为 p_place。

3）配置 do 信号 DO_1Gripper 用于控制夹爪。

4）配置 di 信号 DI_1Inpos 来判断是否有工件在传输带末端。

5）编写如下程序用以完成编程任务：

```
PROC main()
PulseDO\PLength:=0.2,DO_1Gripper;
WHILE reg_H*reg_L<6 DO
IF reg_L<3 THEN
IF reg_H<3 THEN
WaitDI DI_1Inpos,1;
MoveJ Offs(p_take,0,0,100),v1000,z20,tool0\WObj:=wobj1;
MoveL p_take,v200,fine,tool0\WObj:=wobj1;
Set DO_1Gripper;
WaitTime 0.2;
MoveL Offs(p_take,0,0,100),v1000,z20,tool0\WObj:=wobj1;
MoveJ Offs(p_put,reg_H*100,reg_L*70,100),v1000,z20,tool0\WObj:=wobj1;
MoveL Offs(p_put,reg_H*100,reg_L*70,0),v200,fine,tool0\WObj:=wobj1;
Reset DO_1Gripper;
WaitTime 0.5;
MoveL Offs(p_put,reg_H*100,reg_L*70,100),v1000,z20,tool0\WObj:=wobj1;
reg_H:=reg_H+1;
ELSE
reg_H:=0;
```

reg_L:=reg_L+1;
ENDIF
ELSE
reg_H:=0;
reg_L:=reg_L+1;
END IF
ENDIF
ENDWHILE
ENDPROC

本例题有配套的虚拟工作站打包文件，请在提供的虚拟工作站下完成本例题的编程任务。本例还可以利用其他指令和循环结构体来完成，请大家举一反三，尝试利用多种方法来完成本例题的编程任务，然后比较哪一种方法最简洁。

课后练习题

1. 如果一个功能程序_____的数据类型为 num，就将这个功能程序称作 num 型功能程序。

2. 请任意写出 5 个你所知道的系统内置功能程序_____、_____、_____、_____、_____。

3. 内置功能程序 Offs 的返回值数据类型是_____。

4. 内置功能函数 CRobt 的作用是_____，执行功能函数 CRobt 时，机器人需要是静止的，否则返回的值不准确；因此如果 CRobt 功能函数所在的指令语句之前是一条运动指令语句，则这条运动指令语句中的转弯半径值应该使用_____。

5. [多选题]功能程序可以分为：系统内置功能程序和用户自定义功能程序两类，在声明用户自定义功能程序时，以下哪些项是需要用户指定的（ ）
    A. 功能函数的名称   B. 功能函数的返回值类型
    C. 参数的数据类型   D. 参数的名称

6. 编写一个 RAPID 程序，要求只示教一个点，就可以使机器人 TCP 在纸上画出图10-27 所示的图形。

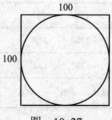

图 10-27

附录

附录 A 课后练习题答案

第 1 章

1. A　　　　2. A　　　　3. C　　　　4. B　　　　5. C

6. 答：工业机器人是一种自动控制、可重复编程、多功能、多自由度的操作机器，能搬运材料、工件或操持工具来完成各种作业的装置。

7. 答：点焊机器人、弧焊机器人、移动小车（AGV）、码垛机器人、分拣机器人、包装机器人、拆卸机器人、切割机器人等。

8. 答：工业机器人的基本组成部分包括机器人本体、示教器和控制柜。

9. 答：自由度、工作范围、工作速度、工作载荷、分辨率、工作精度、IP 防护等级等。性能参数名称解释略。

第 2 章

1. 损坏、浸水　　　　　　　2. 机器人本体、示教器、控制器、说明书光盘

3. 动力电缆、SMB 电缆　　4. 220V

5. 答：机器人装箱部件主要包括：机器人本体、示教器、线缆配件及控制柜 4 个主要物品。随机的文档包括：随机光盘、SMB 电池安全说明书、出产清单、基本操作说明和装箱单。

6. 答：IRB1200 各轴的运动范围如下表所示：

动 作 位 置	动 作 类 型	IRB 1200–7/0. 7	IRB 1200–5/0. 9
轴 1	旋转动作	−170°～+170°	−170°～+170°
轴 2	手臂动作	−100°～+135°	−100°～+130°
轴 3	手臂动作	−200°～+70°	−200°～+70°
轴 4	手腕动作	−270°～+270°	−270°～+270°
轴 5	弯曲动作	−130°～+130°	−130°～+130°
轴 6	转向动作	默认：−400°～+400°	默认：−400°～+400°

第 3 章

1. 上电按钮　　　　　　2. 文件、基本、建模、仿真、控制器、RAPID、Add-Ins

3. 示教器、控制柜　　　4. 线性运动、关节运动　　　　5. X、Y

6．答：RobotStudio 软件安装失败可以按以下几点进行处理：

（1）检查安全软件是否退出及防火墙是否关闭。

（2）检查是否安装在中文目录下，如果是，则重新更改安装目录，因为 RobotStudio 软件不能很好地支持中文路径。

（3）检查解压后的安装包是否大于解压前的安装包。也可以比较两台计算机解压后的安装包大小。

（4）尝试修复或卸载重装。

（5）如果第 4 步依旧没有解决，则需要联网更新计算机系统文件、驱动。如果报错提示缺少对应的 C++ 等组件，则进行下载。完成后再重装一次。

（6）如果第 5 步依旧不行，则有可能是计算机系统有问题，建议重装系统。

7．答：出现以下情况中的一种或多种才需更新转速计数器：

（1）更换伺服电动机转数计数器电池后。

（2）当转数计数器发生故障，修复后。

（3）转数计数器与测量板之间断开过以后。

（4）断电后，机器人关节轴发生了位移。

（5）当系统报警提示"10036 转数计数器未更新"时。

第 4 章

1．400　　2．肩部奇异点、肘部奇异点　　　　3．B　　　　4．B　　　　5．C

6．答：这种说法是不正确的，因为系统备份文件是具有唯一性的，即不可以将 A 机器人的备份文件还原到 B 机器人上，否则会造成系统故障。

7．略

第 5 章

1．答：这是因为：坐标系 X、Y、Z 轴线间的相互关系满足右手法则所表述的关系，指定坐标系的原点和任意两条轴线后，第三条轴线的位置和方向是唯一且确定的，所以可以确定唯一的工件坐标系。

2．答：表示自定义的工件坐标系的用户框架的原点位于基坐标系中坐标值为（100，200，300）的点处。

3．用户三点法、目标三点法　　　4．大于零　　　5．同时为零

6．答：创建用户自定义工件坐标的好处有以下几点：

（1）方便 JOG 操作。

（2）便于运动轨迹迁移。

（3）能够进行工件坐标系补偿。

7．答：此时 newtool 的 Z 轴与机器人基坐标的 Z 轴平行，方向相反；newtool 的 Y 轴与机器人基坐标的 Y 轴平行，方向相同；newtool 的 X 轴与机器人基坐标的 X 轴平行，方向相反。

第 6 章

1．数字输入信号、数字输出信号、数字组输入信号、模拟输出信号

2. 8 路 DI 信号、8 路 DO 信号、2 路 AO 信号

3. 20 　　　　　　4. 输入信号、输出信号、系统信号 　　　　5. 32～39

6. 答：示教器可编程按键的动作模式类型有以下几种：

(1) 切换； 　(2) 设为 1； 　(3) 设为 0； 　(4) 按下 / 松开； 　(5) 脉冲

7. 答：DSQC 651 板卡的配置步骤为：

1 单击 ABB 主菜单—2 单击【控制面板】—3 单击【配置】—4 双击【DeviceNet Device】—5 单击【添加】—6 单击【默认】—7 选中【DSQC 651 Combi I/O Device】—8 根据板卡的实际跳线设定 Address 值—9 单击【确定】—10 单击【是】。

第 7 章

1. setdo do_1 　　2. 0.2s 　　3. 等待信号 di_1 的值变为 1，等待时间为 30s

4. WaitDI、Waituntil、WaitTime

5. √ 　　　　6. × 　　　　7. × 　　　　8. ×

第 8 章

1. >=、=、:=、<>、*、/ 　　　　2. reg1:=reg1+1; 　　　　3. 略

4. 常量 　　　　5. 变量 　　6. 9、4 　　　　7. 0

8. true 是系统保留字、标识符必须以字母开头、含有不被支持的特殊符号

9. bool、num、string、speeddata、tooldata、wobjdata、robtarget 等

10. 本地、任务、全局

第 9 章

1. 5，10、8、6、4、2 　　　　2. default 　　　　3. LABLE

4. 若机械臂和外轴已远离停止位置，则不会再返回 　　　5. 函数值

6. 答：Compact IF 也被称为"紧凑型"条件判断指令，因为它根据判断只能执行一个指令。IF 条件判断指令可以进行多重判断，根据不同的满足条件，执行相对应的指令。

7. 答：对以上三个指令的描述如下：

(1) STOP 指令用于临时停止程序执行，程序指针会保留，并且还可以继续运行。

(2) EXIT 指令用于永久地停止程序执行，程序指针会消失，要继续程序执行需重置程序指针。

(3) BREAK 指令是指中断程序执行，无论机械臂是否到达目标点，机械臂立即停止运动。

第 10 章

1. 返回值 　　　　　　2. Offs、Sin、Crobt、Abs、Cos 等 　　　　　　3. robtarget

4. 读取机器人 TCP 当前位置数据，并以 robtarget 数据格式返回函数值；Fine

5. ABCD

6. 略

附录 B 示教器指令分类一览

示教器指令说明见附表 B-1 ～附表 B-15。

附表 B-1 Various（综合类）

序号	指　令	描　述　说　明
001	:=	赋值指令，赋予程序数据一个新值
002	CheckProgRef	检测参考指令，用于检查程序模块是否存在链接错误
003	EraseModule	擦除程序模块指令，用于将程序模块从内存中擦除
004	RemoveAllCyclicBool	撤销所有循环求值逻辑条件
005	Save	保存普通程序模块
006	StartLoad	执行期间，加载普通程序模块
007	CancelLoad	取消模块加载
008	Comment (!)	备注，用于备注增强程序可读性
009	Load	执行期间，加载普通程序模块
010	RemoveCyclicBool	撤销进行循环求值的逻辑条件
011	SetupCyclicBool	设置进行循环求值的逻辑条件
012	UnLoad	执行期间，卸载普通程序模块
013	WaitDI	等待数字输入信号至设定值
014	WaitLoad	将加载的模块与任务相连
015	WaitUntil	等待直至满足条件
016	WaitDO	等待数字输出信号至设定值
017	WaitTime	等待给定的时间

附表 B-2 Prog.Flow（程序流程类）

序号	指　令	描　述　说　明
001	Break	中断程序执行
002	CallByVar	通过变量，调用无返回值程序
003	Compact IF	紧凑型 IF 指令，循环体内仅可用一行指令语句
004	EXIT	终止程序执行
005	ExitCycle	中断当前循环，并开始下一循环
006	FOR	重复给定的次数
007	GOTO	转到新的指令
008	IF	IF 条件判断循环指令
009	LABEL	跳转标签，与 GOTO 搭配使用
010	ProcCall	调用新无返回值程序
011	RETURN	完成程序的执行或返回函数值
012	Stop	停止程序执行
013	SystemStopAction	停止机器人系统，可用于以不同的方式来停止机器人系统
014	TEST	测试表达式的值，根据不同的值，执行不同的语句段
015	WHILE	只要…便重复

附表 B-3 I/O（输入／输出类）

序号	指 令	描 述 说 明
001	AliasIO	确定 I/O 信号以及别名
002	AliasIOReset	重置 I/O 信号以及别名
003	InvertDO	取反数字输出信号的当前值
004	IOBusStart	创建特定的 I/O 总线
005	IOBusState	获取 I/O 总线的当前状态
006	IODisable	停用 I/O 单元
007	IOEnable	启用 I/O 单元
008	PulseDO	产生数字输出信号的脉冲
009	Reset	重置数字输出信号
010	Set	设置数字信号输出信号
011	SetAO	改变模拟信号输出信号的值
012	SetDO	改变数字信号输出信号值
013	SetGO	改变一组数字信号输出信号的值
014	WaitAI	等待直至已设置模拟信号输入信号值
015	WaitAO	等待直至已设置模拟信号输出信号值
016	WaitDI	等待直至已设置数字信号输入信号
017	WaitDO	等待直至已设置数字信号输出信号
018	WaitGI	等待直至已设置一组数字信号输入信号
019	WaitGO	等待直至已设置一组数字信号输出信号

附表 B-4 setting（参数设置类）

序号	指 令	描 述 说 明
001	AccSet	降低加速度
002	ActEventBuffer	事件缓冲启用
003	ConfJ	关节移动期间, 监测配置
004	ConfL	线性运动期间, 监测配置
005	EOffsOff	停用附加轴的偏移量
006	EOffsOn	启用附加轴的偏移量
007	EOffsSet	设定附加轴的偏移量（使用已知值）
008	GripLoad	定义机械臂的有效负载
009	MechUnitLoad	确定机械单元的有效负载
010	PDispOff	停用程序位移
011	PDispOn	启用程序位移
012	PDispSet	启用使用已知坐标系的程序位移
013	SingArea	确定奇点周围的插补
014	SoftAct	启用软伺服
015	SoftDeact	停用软伺服
016	velset	改变编程速率

附表 B-5 Motion&Proc（运动与动作类）

序号	指　令	描　述　说　明
001	ActUnit	启用机械单元
002	DeactUnit	停用机械单元
003	MoveAbsJ	绝对关节运动
004	MoveC	圆周运动指令
005	MoveCAO	使机械臂沿圆周运动，设置拐角处的模拟信号输出
006	MoveCDO	使机械臂沿圆周运动，设置拐角处的数字信号输出
007	MoveCGO	机械臂沿圆周运动，设置拐角处的组输出信号
008	MoveExtJ	使外轴沿直线运动或旋转外轴
009	MoveJ	通过关节移动，移动机械臂
010	MoveJAO	通过接头移动来移动机械臂，设置拐角处的模拟信号输出
011	MoveJDO	通过接头移动来移动机械臂，设置拐角处的数字信号输出
012	MoveJGO	通过接头移动来移动机械臂，设置拐角处的组输出信号
013	MoveL	使机械臂沿直线运动
014	MoveLAO	使机械臂沿直线运动，设置拐角处的模拟信号输出
015	MoveLDO	使机械臂沿直线运动，设置拐角处的数字信号输出
016	MoveLGO	使机械臂沿直线运动，设置拐角处的组输出信号
017	SearchC	使用机械臂沿圆周进行搜索
018	SearchExtJ	用于搜索外轴位置
019	SearchL	使用机械臂沿直线进行搜索

附表 B-6 Communicate（通信类）

序号	指　令	说　明　描　述
001	ClearIOBuff	清除串行通道的输入缓存
002	ClearRawBytes	清除原始数据字节数据的内容
003	Close	关闭文件或者串行通道
004	CopyFile	复制文件
005	CopyRawBytes	复制原始数据字节数据的内容
006	ErrWrite	写入错误消息
007	Open	打开文件或串行通道
008	PackRawBytes	将数据装入原始数据字节数据
009	ReadAnyBin	读取 B 进制串行通道或文件的数据
010	ReadRawBytes	读取原始数据字节数据
011	Rewind	将文件位置设置为文件开头
012	SCWrite	将变量数据发送到客户端应用
013	TPErase	擦除在 FlexPendant 示教器上印刷的文本
014	TPReadDnum	从 FlexPendant 示教器读取编号

（续）

序号	指　令	说　明　描　述
015	TPReadFK	读取功能键
016	TPReadNum	从 FlexPendant 示教器读取编号
017	TPShow	从 RAPID 选择 FlexPendant 示教器窗口
018	TPWrite	在 FlexPendant 示教器上写入文本
019	UIMsgBox	用户消息对话框，用于机器人系统与用户进行沟通
020	UIShow	用户界面显示
021	UnpackRawBytes	打开来自原始数据字节数据的数据手册用法
022	Write	写入基于字符的文件或串行通道
023	WriteAnyBin	将数据写入 B 进制串行通道或文件
024	WriteBin	写入一个 B 进制串行通道
025	WriteRawBytes	写入原始数据字节数据
026	WriteStrBin	将字符串写入一个 B 进制串行通道

附表 B-7　Interrupts（中断类）

序号	指　令	说　明　描　述
001	CONNECT	将中断与软中断程序相连
002	GetTrapData	获取当前 TRAP 的中断数据
003	IDelete	取消中断
004	IDisable	禁用中断
005	IEnable	启用中断
006	IError	用于在出现错误时，下达中断指令和启用中断
007	IPers	在永久变量数值改变时中断
008	ISignalAI	模拟信号输入信号的中断
009	ISignalAO	模拟信号输出信号的中断
010	ISignalDI	下达数字信号输入信号中断指令
011	ISignalDO	数字信号输出信号的中断
012	ISignalGI	下达一组数字信号输入信号中断的指令
013	ISignalGO	下达一组数字信号输出信号中断的指令
014	ISleep	停止一个中断
015	ITimer	下达定时中断的指令
016	IWatch	用于启用先前下达指令，但是却通过 ISleep 停用的中断
017	ReadErrDat	获取关于错误的信息

附表 B-8　Error Rec（错误处理类）

序号	指　令	说　明　描　述
001	BookErrNo	登记 RAPID 系统错误编号
002	ErrLog	写入错误消息
003	ErrRaise	写入警告，调用错误处理器
004	EXIT	终止程序执行
005	ProcerrRecovery	由过程运动错误产生和恢复
006	RAISE	调用错误处理器
007	RaiseToUser	将错误传播至用户等级
008	ResetRetryCount	重置重试次数
009	RETRY	在错误后恢复执行
010	RETURN	完成程序的执行或返回函数值
011	SkipWarn	跳过最近的警告
012	TRYNEXT	跳转至引起错误的指令

附表 B-9　System&Time（系统、时钟类）

序号	指　令	说　明　描　述
001	ClkReset	重置用于定时的时钟
002	ClkStart	启动用于定时的时钟
003	ClkStop	停止用于定时的时钟
004	CloseDir	关闭路径
005	OpenDir	打开路径
006	ReadCfgData	读取系统参数的属性
007	RemoveDir	删除路径
008	RemoveFile	删除文件
009	RenameFile	重命名文件
010	SaveCfgData	将系统参数保存至文件
011	WriteCfgData	写入系统参数的属性
012	MakeDir	创建新路径

附表 B-10　Mathematics（数学类）

序号	指　令	说　明　描　述
001	:=	赋值指令
002	Add	加法指令
003	BitClear	在一个字节或者双数值数据中清除一个特定位
004	BitSet	在一个字节或者双数值数据中设置一个特定位
005	Clear	清除数值，用于清除数值变量或永久数据对象
006	Decr	用于从数值变量或者永久数据对象减 1
007	Incr	增量为 1，用于向数值变量或者永久数据对象增加 1
008	TryInt	测试数据对象是否为有效整数

附表 B-11 MotionSetAdv（运动进阶设置类）

序号	指　令	说　明　描　述
001	CirPathMode	圆周路径期间的工具方位调整
002	PathAccLim	降低路径沿线的 TCP 加速度
003	PathResol	覆盖路径分辨率
004	SpeedLimAxis	设置轴的速度限制
005	SpeedLimCheckPoint	设置检查点的速度限制
006	SpeedRefresh	更新持续运动速度覆盖
007	WaitRob	等待，直至机械臂和外轴已达到停止点或零速度
008	TuneServo	用于调节机械臂上单独轴的动力学行为
009	STTuneReset	重置伺服工具调节
010	WorldAccLim	控制世界坐标系中的加速度

附表 B-12 Motion Adv（运动进阶类）

序号	指　令	说　明　描　述
001	ClearPath	清除当前路径
002	MoveCSync	机械臂沿圆周运动，执行 RAPID 无返回值程序
003	MoveJSync	通过接头移动来移动机械臂，执行 RAPID 无返回值程序
004	MoveLSync	机械臂沿直线运动，执行 RAPID 无返回值程序
005	RestoPath	中断之后，恢复路径
006	StartMove	重启机械臂移动
007	StartMoveRetry	重启机械臂移动和执行
008	StepBwdPath	在路径上向后移动一步
009	StopMove	停止机械臂的移动
010	StopMoveReset	重置系统，停止移动状态
011	StorePath	发生中断时，存储路径
012	TriggC	关于事件的机械臂圆周移动
013	TriggCheckIO	定义位于固定位置的 I/O 检查
014	TriggDataCopy	复制触发数据变量中的内容
015	TriggDataReset	重置触发数据变量中的内容
016	TriggEquip	定义路径上的固定位置和时间 I/O 事件
017	TriggInt	定义与位置相关的中断
018	TriggIO	定义停止点附近的固定位置或时间 I/O 事件
019	TriggJ	关于事件的轴式机械臂运动
020	TriggJIOs	接头机械臂移动以及 I/O 事件
021	TriggL	关于事件的机械臂线性运动
022	TriggLIOs	机械臂线性移动以及 I/O 事件
023	TriggRampAO	定义路径上的固定位置斜坡 AO 事件
024	TriggSpeed	固定位置 - 时间尺度事件成比例的 TCP 速度模拟信号输出
025	TriggStopProc	产生关于停止时触发信号的重启数据

附表 B-13 Multitasking&Multimove（多任务与协作类）

序号	指 令	说 明 描 述
001	SyncMoveUndo	设置独立移动
002	WaitTestAndSet	等待，直至变量 FALSE，随后设置
003	SyncMoveOn	起动协调同步移动
004	SyncMoveOff	结束协调同步移动
005	SyncMoveSuspend	设置独立 - 半协调移动
006	SyncMoveResume	设置同步协调移动

附表 B-14 RAPIDsupport（编程帮助类）

序号	指 令	说 明 描 述
001	GetDataVal	获得数据对象的值
002	GetSysData	获取系统数据
003	ResetPPMoved	重置以手动模式移动的程序指针的状态
004	SetAllDataVal	在定义设置下，设置所有数据对象的值
005	SetDataSearch	定义在搜索序列中设置的符号
006	SetDataVal	设置数据对象的值
007	SetSysData	设置系统数据
008	TextTabInstall	安装文本表格
009	WarmStart	重启控制器

附表 B-15 calib&service（校准与服务例程类）

序号	指 令	说 明 描 述
001	Break	中断程序执行
002	MToolRotCalib	移动工具旋转校准
003	MToolTCPCalib	关于移动工具的 TCP 校准
004	SpyStart	开始记录执行时间数据
005	SpyStop	停止记录时间执行数据
006	SToolRotCalib	关于固定工具的 TCP 和旋转校准
007	SToolTCPCalib	关于固定工具的 TCP 校准
008	TestSignDefine	定义测试信号
009	TestSignReset	重置所有测试信号定义

参 考 文 献

[1] 叶晖. 工业机器人实操与应用技巧 [M]. 北京：机械工业出版社，2010.

[2] 张明文. ABB 六轴机器人入门实用教程 [M]. 哈尔滨：哈尔滨工业大学出版社，2017.

[3] 叶晖. 工业机器人典型应用案例精析 [M]. 北京：机械工业出版社，2013.

[4] 刘勇. ABB 工业机器人基础实践教程 [M]. 北京：北京航空航天大学出版社，2017.

[5] 田贵福，林燕文. 工业机器人现场编程：ABB[M]. 北京：机械工业出版社，2017.